人工智能科学与大数据技术的应用探索

刘忠铁　著

哈尔滨工业大学出版社

内 容 简 介

在信息时代，人工智能科学与大数据技术崭露头角，引领着科技创新的浪潮。基于此，本书首先聚焦人工智能，追溯其起源与发展历程，全面呈现了不同代表学派的观点及未来展望，深入研究了人工智能对社会的深远影响；其次剖析人工智能基础技术与系统、大数据及其 Hadoop 生态系统、大数据实时处理框架与技术；再次探究人工智能与大数据的融合；最后对人工智能技术的应用、大数据技术在不同领域中的应用进行探索。

本书通过深刻的研究与系统性的呈现，为读者揭示了人工智能科学与大数据技术的交汇之处，以及在不同领域中的广泛应用，是深入了解该领域的不可或缺之作。

图书在版编目（CIP）数据

人工智能科学与大数据技术的应用探索 / 刘忠铁著.
哈尔滨：哈尔滨工业大学出版社，2024.7. —ISBN 978-7-5767-1593-4

Ⅰ.TP18；TP274

中国国家版本馆 CIP 数据核字第 2024WA9244 号

策划编辑	王桂芝
责任编辑	苗金英
出版发行	哈尔滨工业大学出版社
社　　址	哈尔滨市南岗区复华四道街 10 号　邮编 150006
传　　真	0451-86414749
网　　址	http://hitpress.hit.edu.cn
印　　刷	哈尔滨圣铂印刷有限公司
开　　本	720 mm×1 000 mm　1/16　印张 14.5　字数 242 千字
版　　次	2024 年 7 月第 1 版　2024 年 7 月第 1 次印刷
书　　号	ISBN 978-7-5767-1593-4
定　　价	88.00 元

（如因印装质量问题影响阅读，我社负责调换）

前　言

在21世纪的科技浪潮中，人工智能与大数据技术的结合正成为推动社会进步的强大引擎。它们共同构筑了一个全新的信息处理和决策支持系统，为各行各业带来了革命性的变化。人工智能算法能够从海量的数据中挖掘出有价值的信息，为决策者提供前所未有的洞察力，这在以往是难以想象的。而大数据技术作为人工智能发展的重要基石，它的核心在于对大规模数据集的存储、处理和分析。这些数据集来源于互联网、社交媒体、物联网设备等多个渠道，它们包含了丰富的信息。通过大数据分析，企业和组织能够更准确地理解复杂现象，预测未来事件，从而做出更加明智的决策。

基于此，本书采取系统化的研究方法，首先从人工智能的相关认知入手，为读者提供坚实的理论基础；其次深入分析人工智能的核心技术，并探讨这些技术如何构成智能系统的基石；再次转向大数据技术，揭示其在处理大规模数据集方面的能力；最后专注于人工智能与大数据的融合，探讨两者结合的理论基础和实际应用优势，为读者提供关于这一前沿领域的深刻见解。

本书的章节安排经过精心设计，每一章节都建立在前一章节的基础上，逐步深入，确保了内容的逻辑性和连贯性。从人工智能的基础技术到大数据技术，再到两者的融合应用，读者可以循序渐进地构建起完整的知识体系，更系统地理解和掌握人工智能与大数据技术。另外，理论与实践相结合，使得读者能够在理解理论的同时，掌握这些技术在实际工作中的应用。

作者在写作过程中，得到了许多专家、学者的帮助和指导，在此表示诚挚的谢意。由于作者水平有限，加之时间仓促，书中所涉及的内容难免有疏漏之处，希望各位读者多提宝贵的意见，以便进一步修改，使之更加完善。

作　者

2024 年 5 月

目　　录

第一章　绪论 ………………………………………………………………… 1
第一节　人工智能的起源与发展历程 ……………………………………… 1
第二节　人工智能的代表学派与发展展望 ………………………………… 5
第三节　人工智能对社会的影响 …………………………………………… 12

第二章　人工智能基础技术与系统 ………………………………………… 15
第一节　知识库与知识搜索 ………………………………………………… 15
第二节　机器语言与自然语言处理 ………………………………………… 32
第三节　人工智能应用系统分析 …………………………………………… 52

第三章　大数据及其 Hadoop 生态系统 …………………………………… 69
第一节　大数据的内涵与影响 ……………………………………………… 69
第二节　大数据平台的能力与架构 ………………………………………… 79
第三节　大数据 Hadoop 生态系统 ………………………………………… 83

第四章　大数据实时处理框架与技术研究 ………………………………… 88
第一节　大数据实时处理框架 ……………………………………………… 88
第二节　大数据分析与挖掘技术 …………………………………………… 105
第三节　大数据数据库技术分析 …………………………………………… 117

第五章　人工智能与大数据的融合探究 …………………………………… 150
第一节　人工智能与大数据的关联性分析 ………………………………… 150

第二节　人工智能与大数据融合应用的优势 ················ 152

第六章　人工智能技术的应用探索 ····························· 154
  第一节　人工智能技术在视觉图像处理中的应用 ·········· 154
  第二节　人工智能技术在计算机技术中的应用 ············· 159
  第三节　人工智能技术在电气自动化领域中的应用 ······· 178
  第四节　人工智能技术在出版行业中的应用 ················ 182

第七章　大数据技术在不同领域中的应用探索 ·············· 190
  第一节　大数据技术在企业财务管理中的应用 ············· 190
  第二节　大数据技术在高校教育管理中的应用 ············· 207
  第三节　大数据技术在医学生物领域中的应用 ············· 216

参考文献 ·· 220

第一章　绪　论

第一节　人工智能的起源与发展历程

近年来，人工智能发展迅速，已经成为科技界和大众都十分关注的一个热点领域。尽管目前人工智能在发展过程中还面临着很多困难和挑战，但人工智能已经创造出了许多智能产品，并将在越来越多的领域制造出更多甚至是超过人类智能的产品，为改善人类的生活做出更大贡献。"人工智能是新一代'通用目的技术'，对经济社会发展和国际竞争格局产生着深刻影响。"[①]

智能作为一种复杂的认知功能，其核心在于个体对环境的适应性、对偶然性事件的应对能力、对模糊或矛盾信息的分辨力、在孤立情境中发现相似性的能力，以及创新概念和思想的生成能力。这些要素共同构成了智能的多维结构，使其能够在多变的环境中实现有效的功能表现。

在自然智能的范畴内，人类的智力和行为能力展现了独特的复杂性。人类智能的实现依赖于多样化的生物模式和功能模块，这些模块在不同层次上相互作用，形成了具有"家庭相似性"的复合能力。这种智能的体现不仅在于有目的的行为和合理的思维过程，更在于个体对环境的高效适应和问题解决的综合能力。智力在此过程中扮演着关键角色，它涉及知识的获取和应用，而能力则反映在达成特定目标或任务时所展现的素质上。

相对于自然智能，人工智能代表了一种人造的智能形式，其目标是通过计算机技术和算法模拟、扩展和延伸人类的智能。人工智能的实现基于机器的运算能力，使其能够在特定领域内执行规律性的智能行为。然而，当前的人工智能系统在处理

---

① 张鑫，王明辉. 中国人工智能发展态势及其促进策略[J]. 改革，2019（9）：31-44.

无规律的智能行为,如洞察力和创造力方面,仍存在局限。这些行为的模拟和实现,是人工智能领域未来研究和发展的重要方向。

一、人工智能的起源

"图灵测试"是分别由人和计算机来同时回答某人提出的各种问题。如果提问者辨别不出回答者是人还是机器,则认为通过了测试,并且说这台机器有智能。

自 1991 年以来,美国塑料便携式迪斯科跳舞毯大亨休·洛伯纳启动了"图灵测试",并创立了洛伯纳奖,以鼓励人工智能的发展。这一奖项的核心在于评估机器是否能够通过无限制的图灵测试,即以一种自然的方式表现出类人的智能。在这个过程中,裁决者向参与者提出问题,要求其回答。参与者可以是人,也可以是机器。对于机器而言,挑战在于让评审专家相信它们是真正的人类。因此,机器需要模仿人类的行为和语言,以获得"最有人性的计算机"的称号。近年来,洛伯纳奖一直是人工智能领域最受瞩目的赛事之一。每年,人工智能社群都会聚集在一起,围绕图灵测试展开激烈的竞争与讨论。这场赛事既是对人工智能发展的一次检验,也是对人与机器辨识能力的挑战。洛伯纳奖的设立不仅激励人工智能领域的研究者不断探索创新,也引发了关于人工智能与人类认知之间关系的深入思考。

图灵测试的本质可以理解为计算机在与人类的博弈中体现出智能,虽然目前还没有机器人能够通过图灵测试,图灵的预言并没有完全实现,但基于国际象棋、围棋和扑克软件进行的人机大战,让人们看到了人工智能的进展。

人们根据计算机难以通过图灵测试的特点,逆向地使用图灵测试,有效地解决了一些难题。如在网络系统的登录界面上,随机地产生一些变形的英文单词或数字作为验证码,并加上比较复杂的背景,登录时要求正确地输入这些验证码,系统才允许登录。而当前的模式识别技术难以正确识别复杂背景下变形比较严重的英文单词或数字,这点人类却很容易做到,这样系统就能判断出登录者是人还是机器,从而有效地防止了利用程序对网络系统进行的恶意攻击。

二、人工智能的发展

（一）孕育期

人工智能的孕育期可以追溯到1956年之前，这一时期被视为人工智能理论和计算工具的萌芽阶段。关于人工智能的起源，往往与希尔伯特的23个未解决问题有着紧密的联系。其中，希尔伯特的第二问题以及后来的哥德尔定理对人工智能的发展产生了深远的影响。

希尔伯特的第二问题提出了数学系统中一致性和完备性的问题，即数学体系是否可以同时具备一致性和完备性。他的理论试图通过公理化的方法统一整个数学体系，并证明数学自身的正确性。哥德尔在攻克这一难题的过程中提出了著名的哥德尔定理，指出任何足够强大的数学公理系统都存在瑕疵，无法同时具备一致性和完备性。这一发现对于后来人工智能的发展起到了重要的启示作用，使人们意识到了理论与实践之间的巨大挑战。

随着计算机技术的发展，人工智能逐渐从理论走向了实践。帕斯卡的机械式加法机可以被视为世界上第一台机械式计算机的雏形，而香农的信息论为电子计算机的设计提供了重要的理论基础。特别是在1946年，世界上第一台通用电子数字计算机"埃尼阿克"的成功研制标志着计算机技术迈向了一个新的里程碑。这一成就不仅加速了计算机技术的发展，也为人工智能的实现奠定了基础。

（二）形成期

人工智能的基础技术形成和研究期间大致涵盖了1956年到1970年之间。在这段时间里，一系列重要的成果和突破奠定了人工智能领域的基础，开创了人工智能研究的新篇章。

1956年，纽厄尔和西蒙合作研制成功了"逻辑理论机"，这是第一个使用符号而非数字进行计算的计算机程序，旨在用机器证明数学定理。同时，塞缪尔成功研发了"跳棋程序"，这一程序不仅具备自我改善和学习的能力，还能够战胜人类跳棋冠军，标志着模拟人类学习和智能的重要突破。

1960年，纽厄尔和西蒙再次合作研发出了"通用问题求解程序系统"，该系统可以解决各种性质不同的问题，包括不定积分、三角函数和代数方程等。同时，麦卡锡提出并成功研发了"表处理语言LISP"，这一语言不仅能够处理数据，还可以更方便地处理符号，适用于各种人工智能研究领域，成为人工智能程序设计的重要工具。

1965年，费根鲍姆及其团队开始研究专家系统，并成功研发出第一个专家系统，用于分析有机化合物的分子结构，为人工智能的应用研究做出了开创性的贡献。

1969年举办了第一届国际人工智能联合会议，标志着人工智能作为一门独立学科正式登上国际学术舞台，为促进人工智能的研究和发展起到了积极作用。

（三）发展与实用期

1971年至1980年间被视为人工智能的发展与实用阶段。在这段时间内，人工智能技术开始进入实际应用领域，专家系统成为该阶段的主要研究和应用对象。

1975年，美国斯坦福大学研发了MYCIN系统，这是一个用于诊断细菌感染和推荐抗生素使用方案的专家系统。MYCIN系统的开发耗费了数年时间，成为后来专家系统研究的重要基础，标志着专家系统在医疗领域的初步应用。

1976年，凯尼斯·阿佩尔等人利用人工和计算机混合的方式证明了著名的数学猜想：四色定理。这一成果结合了计算机超强的穷举和计算能力，为人工智能与数学的结合提供了有力的支持，突显了人工智能在复杂问题求解方面的潜力。

1977年，费根鲍姆教授在第五届国际人工智能联合会议上提出了"知识工程"的概念，并在一篇特约文章中系统地阐述了专家系统的思想。这一概念的提出，使得人们更加深入地理解了专家系统的本质和应用范围，为人工智能的应用研究提供了新的思路和方法。

（四）知识工程与机器学习期

知识工程与机器学习阶段涵盖了1981年到20世纪90年代初的时间段。在这一时期，知识工程的提出和专家系统的初步成功确认了知识在人工智能领域的关键地位。知识工程的方法不仅对专家系统的发展产生了深远影响，还对信息处理的各个领域都产生了重要影响，促进了人工智能技术从实验室研究向实际应用的转变。

学习是系统在重复工作的过程中对自身进行改进和增强，以使系统在下一次执行相同或类似任务时表现更佳。从20世纪80年代后期开始，机器学习的研究进入了新的阶段。在这一阶段，联结学习取得了重大成功，符号学习的算法不断成熟，新的方法不断涌现，应用范围不断扩大，取得了显著成绩。同时，一些神经网络模型开始在计算机硬件上得以应用，这为神经网络的发展起到了巨大的推动作用。

（五）智能综合集成期

在智能综合集成阶段（20世纪90年代至今），研究重点逐渐转向了模拟人类智能的方向。第六代电子计算机被视为模仿人类大脑判断和适应能力的机器，具备并行处理多种数据的神经网络功能。相较于以逻辑处理为主的第五代计算机，第六代计算机不仅能够判断对象的性质与状态，并采取相应行动，还能够同时并行处理实时变化的大量数据，并得出结论。这种计算机的出现，意味着信息处理系统将拥有类似人类大脑的智慧和灵活性，能够处理更加复杂和模糊的信息。

随着21世纪初深度学习技术的成熟，人工智能迎来了春天，深度学习技术的发展使人工智能逐渐从尖端技术走向了普及。这一趋势使得人工智能应用变得更加广泛，涵盖了从个人设备到企业系统的各个领域。深度学习的出现不仅推动了人工智能技术的发展，也改变了人们对智能技术的认知和应用方式。

第二节 人工智能的代表学派与发展展望

一、人工智能的代表学派

人工智能是用计算机模拟人脑的学科，因此模拟人脑成为它的主要研究内容。目前人工智能学者通过模拟方法按3个不同角度与层次对其进行探究，从而形成3种学派。

(一) 符号主义学派

符号主义学派又称逻辑主义、心理学派或计算机学派,其主要思想是从人脑思维活动形式化表示角度研究探索人的思维活动规律。它的理论基础是亚里士多德所研究形式逻辑以及其后所出现的数理逻辑,又称符号逻辑。而应用这种符号逻辑的方法研究人脑功能的学派就称为符号主义学派。

在 20 世纪 40 年代中后期出现了数字电子计算机,这种机器结构的理论基础也是符号逻辑,因此从人工智能观点看,人脑思维功能与计算机工作结构方式具有相同的理论基础,即都是符号逻辑。故而符号主义学派在人工智能诞生初期就被广泛应用。推而广之,凡是用抽象化、符号化形式研究人工智能的都称为符号主义学派。

(二) 连接主义学派

连接主义学派,亦称为仿生学派或生理学派,其核心理念在于借鉴人脑神经生理学的结构,以探究和模拟人类智能活动的内在规律。该学派认为,大脑作为人类智能活动的中枢,其基本功能单元为神经元,而智能活动本身则是由这些神经元通过复杂的网络连接,经过竞争与协调相互作用的结果。基于此,构建人工神经网络模型成为连接主义学派研究人工智能的主要途径,旨在通过模仿生物神经系统的运作机制,实现对智能行为的模拟与理解。

该学派的研究可追溯至 20 世纪 40 年代,当时的仿生学理论已为人工神经网络的构建奠定了基础,并成功设计出世界上首个人工神经网络模型——MP 模型。然而,由于模型结构和计算机模拟技术的局限性,其发展在 20 世纪 70 年代遭遇瓶颈。直至 20 世纪 80 年代,Hopfield 模型和反向传播 BP 模型的相继问世,为人工神经网络的研究注入了新的活力,推动了该领域的进一步发展。

进入 21 世纪,连接主义学派的研究迎来了新的里程碑。卷积神经网络模型的提出,与大数据技术及计算机新技术的结合,共同促成了人工智能领域的第三次发展高潮。卷积神经网络模型以其多层结构,能够有效处理复杂的数据模式,尤其在图像识别和语音处理等领域展现出卓越的性能。

连接主义学派的研究特色在于其对人工神经网络与数据的深度融合。通过人工神经网络对大量数据进行归纳学习，该学派致力于挖掘数据背后的知识，实现对复杂现象的深入理解和预测。这种以数据驱动的学习方式，不仅为人工智能的发展提供了新的视角，也为相关领域的知识发现与创新提供了强有力的工具。

（三）行为主义学派

行为主义学派又称进化主义或控制论学派，主要关注研究人类智能活动的外部表现行为，以感知-动作模型来描述其特征。这一学派基于控制论的思想，早在人工智能兴起前的 20 世纪 40 年代的控制理论和信息论中就有广泛研究。随着人工智能的兴起，行为主义在此领域得到了进一步发展。其近代基础理论思想如知识获取中的搜索技术以及 Agent 为代表的"智能代理"方法等，为人工智能的发展提供了重要的思想基础。

行为主义在人工智能领域的研究，尤其是其应用于机器人技术方面，具有重要意义。智能机器人是行为主义在人工智能领域的典型应用之一。在当前人工智能发展的新高潮中，机器人与机器学习、知识推理相结合，形成了新一代的智能系统，这成为人工智能领域的一个新标志。

二、人工智能的发展展望

（一）人工智能的学科发展

1. 人工智能理论体系的构建

在人工智能学科的发展历程中，理论体系的建立与完善一直是关键所在。尽管人工智能已经形成了一定的理论基础，但由于其特殊性质，至今尚未建立起完整统一的理论体系，仍有待进一步完善与发展。

（1）人工智能作为一门边缘性学科，从其萌芽期开始就涉及多个学科，其理论体系是由多个学科基于不同理论组合而成的。这种跨学科性导致了其理论体系的多样性与碎片化，使得人工智能的理论构建更加复杂。

（2）在人工智能的发展过程中，虽然多种不同理论体系有所融合，但由于不同环境与特殊处境的影响,形成了符号主义体系、连接主义体系及行动主义体系等多种研究理论体系。这些理论体系各有侧重,并在不同领域展现出其独特的应用优势,但尚未完全实现融合与统一。

近年来,人工智能迎来了飞速发展的时期,主要体现在人工智能应用的广泛发展。在众多应用的推动下,很多理论问题得以解决与发展,但也暴露出传统理论体系的局限性。人们过多地聚焦于应用的实现,而忽视了理论的深入总结、提高与发展。这种现象导致了理论体系的进一步碎片化和分化,使得人工智能的理论研究面临着新的挑战。

2. 多学科的交叉融合

人工智能学科作为一门多学科交叉集成的领域,其发展策略强调在统一目标指导下,实现不同学科间的深度融合与协同。这种融合不仅要求各学科发挥自身优势,而且要建立起紧密的学科间联系,通过相互借鉴和补充,促进人工智能领域的整体进步与和谐发展。具体而言,人工智能学科的多学科交叉融合主要体现在以下几方面。

(1)人工智能理论与应用之间的融合是推动该学科发展的重要动力。理论的深化与完善为应用实践提供了坚实的基础,而应用实践中的反馈又促进了理论的进一步发展与创新。

(2)人工智能理论内部各方法间的融合同样至关重要。不同的理论方法和技术路径相互补充,共同构成了人工智能理论的多样性和丰富性,这有助于解决更为复杂的问题,提升解决问题的效率和准确性。

(3)人工智能应用中计算机技术与应用系统间的融合,是实现人工智能技术落地的关键。计算机技术的进步为应用系统提供了强有力的技术支持,而应用系统的需求又推动了计算机技术的不断革新与优化。

通过这种多学科间的交叉融合,人工智能学科的整体能力得以显著提升,为其在解决现实世界问题中的应用提供了更为广阔的空间和可能性。这一过程不仅促进了人工智能学科的内在发展,也为社会经济的各个领域带来了深远的影响。

（二）人工智能的社会发展

人工智能学科是一门特殊的学科，由于它所研究的内容涉及人类自身最敏感的部位，出于对人类自我保护潜意识的反射，以及科幻小说与电影的渲染，从人工智能的萌芽时期就已经有人担心在其发展的同时会引起对人类自身利益的直接碰撞，主要表现为人工智能会侵占人类就业权益的担心与人类自身安全的担心这两方面。为此，必须对这两个问题从技术与社会学角度进行必要的解释与说明。

1. 人工智能与就业

自 20 世纪 50 年代以来，随着机器人技术在工业流水线作业中的逐步推广，简单且重复性高的劳动开始被机器人取代。这一趋势随后扩展至更为复杂的但存在固定规则的工作领域，引发了技术工人对就业安全的担忧，进而触发了社会层面的普遍关注和恐慌。

然而，从历史的角度来看，自工业革命以来，新技术的引入一直是推动生产力发展的关键因素，同时也对就业格局产生了深远影响。例如，以蒸汽机为代表的第一次产业革命，通过解放体力劳动，提高了生产效率，但同时也对体力劳动者的就业产生了冲击。第二次产业革命，即电气化时代，进一步解放了人类的脑/体力劳动，技术工人的就业受到了影响。第三次产业革命，即信息化时代，以计算机为标志，解放了脑力劳动，对脑力劳动者就业产生了影响。当前，以人工智能为核心的第四次产业革命，正解放着人类的智力劳动，对智力劳动者的就业构成了新的挑战。

尽管如此，前三次产业革命的历史经验表明，尽管新技术的引入短期内可能会对特定群体的就业造成影响，但长期来看，它们促进了生产力的大幅提升，并最终通过社会的发展和调整，解决了就业问题。

社会生产力的发展是解决社会问题的根本途径，这一社会学原则指出，随着人工智能带来的生产力发展，政府的政策措施和市场的自我调节将共同作用，通过不断的技术创新和社会适应，就业问题可以得到有效管理和解决。

2. 人工智能与人类智能

人工智能领域的发展一直是社会关注的焦点，而关于人工智能可能超越并控制人类的担忧，其起源可归结为 3 个主要因素。首先，人工智能学科本身所涉及的研究内容具有高度的敏感性和复杂性，这自然引发了对其潜在影响的广泛讨论。其次，科幻小说和影视作品中对人工智能的描绘往往带有夸张和戏剧化的色彩，加之非专业人士对人工智能的理解可能存在局限，这些因素共同作用，加剧了公众对人工智能的担忧。最后，一些人工智能领域的专家可能在宣传时未能充分考虑其言论的社会影响，导致对人工智能能力的过度夸大，从而引发了不必要的恐慌。

然而，所谓的"人工智能威胁论"实际上是一种误解。长期从事人工智能研究的专家们深知，人工智能的发展面临着巨大的挑战。人类对于自身智能的本质和运作机制的了解仍然非常有限，模拟人类智能的复杂性更是一项艰巨的任务。目前所取得的研究成果相较于人类智能的深度和广度而言，仍然显得微不足道。从技术层面来看，人工智能研究存在以下关键难点。

（1）人工智能的研究对象是极为复杂的人类智能，这涉及对大脑神经生理结构的深入研究和对思维过程（包括形式思维和辩证思维）的理解，以及对大脑外在行为的观察。当前，这些领域的研究仍然处于初级阶段，对于大脑的工作原理和智能活动的本质，科学界的认识还远远不够深入。

（2）人类智能是一个动态发展的活动过程，它随着个体与外部世界的互动而不断进化和提升。目前，对于这一动态过程的理解仍然非常有限，人工智能系统在模拟这种动态性方面还有很长的路要走。

（3）人类智能的发展和表现受到外部环境的强烈影响，包括社会环境和自然环境。目前，人类对于这些环境的理解和模拟能力同样有限，这限制了人工智能在模拟真实世界智能活动方面的潜力。

（4）计算机通过数据来模拟人类智能中的外部环境，但现实世界是一个多维、无限且连续的存在，而计算机能够处理的数据却是有限、离散的。这种从有限到无限的模拟过程与现实世界存在本质的差异，使得计算机模拟的结果只能是对现实的一种近似，而无法达到完全一致。

（5）计算机通过算法模拟人类智能中的智力活动，对这种模拟可分以下层次进行讨论。

第一，算法的可计算性问题。算法理论的核心议题之一是可计算性问题，它区分了可以被算法处理的智力活动和那些超出算法处理能力的智力活动。对于后者，即不可计算的智力活动，人工智能领域目前尚未找到有效的解决方案。这表明，尽管人工智能在模拟某些类型的智力活动方面取得了进展，但仍有大量复杂的人类智能活动难以通过现有的算法来准确表达和处理。

第二，算法的复杂性问题。即使是可计算的智力活动，算法在执行时也会面临复杂性问题。算法的效率可以根据其所需的时间和空间资源来分类，包括指数级、多项式级和线性级。指数级算法在理论上可能可行，但其计算资源需求随问题规模呈指数增长，使得它们在实际应用中往往不可行。因此，算法的复杂性问题提示我们，算法可以根据其对资源的需求被分为高复杂度和中低复杂度两大类，其中高复杂度算法在实际应用中受到限制。

第三，算法的停机问题。算法的收敛性，即算法能否在有限的步骤内完成计算并停止，是算法设计中的一个关键问题。停机问题涉及算法在计算过程中可能出现的无法收敛、永不停机的状态。这一问题的存在对算法的实用性和可靠性构成了挑战。

第四，算法寻找问题。在理论上，智力活动算法需要满足一系列基本条件。在这些条件的框架内，人工智能专家面临的任务是寻找适合特定智力活动的算法。这个过程是一种极其艰辛的创新活动，涉及对算法的深入理解和创造性的设计。目前，专家们所发现的算法仅覆盖了人类智能活动的一小部分，表明算法寻找问题是人工智能领域中一个极其重要的环节。

（6）计算机的计算力。计算机的数据与算法只有在一定的计算机平台上运行才能产生动态的结果，计算机平台上的运行能力称为计算力。计算力是建立在网络上的所有设备，包括硬件、软件及结构方式的总集成。其指标包括：运行速度、存储容量、传输速率、感知能力、行为能力、算法编程能力、数据处理能力、系统集成能力等。计算力是人工智能中计算机模拟的最基础性能力,目前计算力中的所有指标离人工智能及其数据、算法的要求差距甚大,而且很多指标无法在短时期内得以解决。

第三节　人工智能对社会的影响

随着计算机技术的飞速发展,它在人们社会生活中的地位越来越重要,已经被应用到社会生产和生活的各个领域中,并显示出了强大的生命力。

一、促进社会生产力的发展

第三次技术革命以电子计算机的迅速普及和广泛应用为标志,被视为现代信息技术的核心,对社会生产力的发展产生了深远影响。与前两次技术革命相比,第三次技术革命更加精准地应对了科技发展中的问题,特别是科学从潜在生产力向实际生产力转化的中间瓶颈。电子计算机的兴起和应用加强了信息技术的稳定性、时效性和效率,导致人们所掌握的信息量大幅增加,信息传输渠道也日益多样化。

第三次技术革命的影响不仅仅限于技术本身,还延伸至相关产业的孕育和成长。现代物流、电子商务、生物技术等产业在这一背景下蓬勃发展,而信息技术在这些产业的开发和应用过程中也将取得巨大进步。作为科学技术的前沿,信息技术的广泛应用提升了科技在人类社会中作为主要生产力的地位,极大地促进了社会生产力的发展。

二、推动社会经济的大幅发展

计算机技术的广泛应用不仅深刻地塑造了社会经济格局,还在推动社会经济的大幅发展方面发挥着关键作用。

首先,计算机技术的渗透导致了产业结构的深刻变革。随着电子计算机等基础设施的广泛运用,专注于信息生产、传递、储存和处理的信息产业正逐渐脱离传统第三产业的范畴，形成独特的第四产业形态。这种转变不仅丰富了产业结构，还为经济增长注入了新的活力。

其次，计算机技术的应用将极大地推动社会经济的跃升。信息产业本身具备较高的就业潜力，能够扩大就业机会，从而促进产出水平增长。这种经济活动的提升不仅扩展了产业版图，还为社会经济带来了更强大的发展动力。

因此，计算机技术的广泛应用不仅在产业结构的变革中起到了关键作用，也在推动社会经济的发展过程中发挥着积极的推动作用。

三、改变人们生产和工作方式

"随着计算机技术不断发展，其为我们的生活提供了许许多多的便利，同时也为社会的发展提供了不竭的动力。"①在工业社会的演进中，机器生产逐渐取代了传统的农业和手工业生产方式，极大地提升了生产力水平，同时也减轻了工人的体力负担。随着计算机及其相关技术的广泛应用，工人在重复性、体力消耗较大的工作中的角色逐渐被取代，工人的素质和知识水平也发生了显著的变化，越来越多的工人开始从事脑力劳动。

计算机技术在生产领域的广泛应用彻底改变了人们的生产和工作方式。例如，在工程和产品设计领域，传统的手工绘图被计算机辅助设计所取代，设计师可以将精力集中在创意思维上，从而提高了设计效率和质量，缩短了设计周期。在产品制造过程中，计算机控制着机器的运行，实现了自动加工、装配、检测和包装，降低了工人的劳动强度，改善了工作条件，提高了生产效率和产品质量，同时也缩短了制造周期并降低了成本。此外，在繁重、精度要求高或危险环境下的工作中，计算机也逐渐代替了工人的角色，使他们从危险和重复的任务中解脱出来。

工业社会正在向以计算机技术为核心的智能生产时代迈进，工人阶级的角色也在发生着深刻的变化。工人不再仅仅是执行简单任务的体力劳动者，而是需要具备一定的智能和技术水平，能够灵活应对复杂的生产环境和工作任务。这种变化不仅

---

① 赵思博. 浅谈计算机技术对社会发展的影响[J]. 通讯世界，2018，25（12）：67.

提升了工人的整体素质,也为工业生产带来了更高效、更智能的生产模式,推动着社会生产力的不断提升。

四、提升人们日常生活质量

计算机技术已经深度融入了人类的日常生活,对各个领域产生了广泛而深远的影响。在教育领域,教师利用计算机辅助教学,为学生提供丰富的课件和多样化的学习资源,从而促进了知识的传授和学习效果的提升。而在医疗领域,医生借助智能机器人进行高水平的诊断和治疗,极大地提高了医疗服务的水平和效率。

计算机技术与现代通信技术的结合,使得人们能够实现便捷的交流和沟通,缩短了时空距离,为人们提供了诸如网上办公、电子邮件、网购、网上授课、在线医疗等多种便利的服务。这种便捷和高效的服务模式,不仅提升了人们的生活质量,也为社会经济的发展注入了新的活力。

在科学研究和决策制定方面,计算机技术的应用也带来了巨大的变革。它使科学研究过程更加高效,可以在几秒钟内完成原本需要几十年甚至上百年才能完成的复杂计算。在决策制定中,计算机能够明确目标、提供备选方案、评估后果,提升了决策的质量和效率,改进了运营策略。

此外,计算机技术的发展也推动了工业生产方式的革新。它辅助工人控制系统,替代了繁重的体力和部分脑力劳动,催生了对工人科学文化素养的新要求,也在整体上提升了社会成员的科学文化水平。这种发展趋势表明,计算机技术的进步将继续积极影响人类社会,推动社会朝着更高的发展阶段迈进,引发生产和生活方式的革命性变化。

第二章 人工智能基础技术与系统

第一节 知识库与知识搜索

一、知识库

知识是人工智能研究、开发、应用的基础,在任何涉及人工智能之处都需要大量的知识,为便于知识的使用,需要有一个组织、管理知识的机构,这就是知识库。

自人工智能出现后即有知识库概念出现,目前,知识库的重要性越显突出,任何一项研究与开发、应用都离不开知识库。知识搜索是下一代搜索引擎技术的关键技术,而知识库则是这项技术的核心。

(一)知识及知识表示

知识作为经过消减、塑造、解释和转换的信息,在人类认知中扮演着重要角色。它涵盖了特定领域的描述、关系和过程,包括事实、信念和启发式规则等内容。从知识库的角度来看,知识是某一领域相关方面的符号表示,是对客观事物及其规律的认知,包括对事物现象、属性、状态、关系等的理解,以及解决实际问题的方法和策略。

知识可大致分为两类:一是(客观)原理性知识,即对客观事物规律的认识,包括事物的本质和原理;二是(主观)方法性知识,即解决问题的具体方法、步骤和策略等。这些知识表示形式可以通过语言、文字、数字、符号、公式、图表等多种形式来表达,但目前这些形式并不能直接适用于计算机处理,因此需要研究适用于计算机的知识表示模式,将知识以计算机能够理解和处理的方式表示出来。

知识的表示方法受到心理学家的研究启发,常常模仿人脑的知识存储结构。将获得的知识以计算机内部代码形式合理地描述、存储,以便有效地利用这些知识,便是知识表示的目标。这种表示方法需要符合某种约定的形式结构,能够转换为机器的内部形式,使得计算机能够方便地存储、处理和利用知识。

知识表示并不是一种神秘的概念,实际上,我们在日常生活中已经接触过或使用过各种形式的知识表示。例如,算法就是一种常见的知识表示形式,它描述了解决问题的方法和步骤,并且可以通过程序在计算机上实现。除此之外,状态空间和产生式系统也是知识的表示形式,它们用于描述问题的状态和可能的解决方法。另外,一阶谓词公式作为一种表达力很强的形式语言,同样可以用程序语言实现,因此也可作为一种知识表示形式。

(二)知识表示的类别

知识表示可以分为以下3类。

1. 局部表示类

局部表示类是知识表示领域的重要分支,主要包括陈述性表示和过程性表示两种形式。陈述性表示主要用于描述事实性知识,即对客观事物的陈述和描述,相当于对数据的记录和表达,它将知识的表示与推理分开处理,是一种静态的描述方式。相比之下,过程性表示则描述了规则和控制结构知识,即给出了一些客观规律和操作步骤,它的表示与推理相结合,是一种动态的描述方式。过程性表示能够更灵活地表达启发性知识和默认推理知识,但相应地也增加了存储和计算的负担。在实际应用中,许多知识表示方法都是陈述性与过程性观点的结合体。例如,逻辑表示法虽然属于陈述性表示,但在一些情况下也会与推理相结合;而语义网络表示法在继承性推理方面更偏向过程性表示,但从整体上看也包含了陈述性的特征。这种结合形式既保留了陈述性表示的严谨性和模块性,又具备了过程性表示的灵活性和高效性,因此在知识表示的实践中具有重要意义。

2. 直接表示类

直接表示类是一种在信息传递中广泛使用的方式,其中包括图示、图像和声音等形式。这些直接表示形式能够直观地传达信息,使得信息更易于被理解和接受。

在各个领域，直接表示类都发挥着重要作用，从教育、科学研究到广告和娱乐等方面都有着广泛的应用。

(1) 图示。

图示通常具有简洁清晰、易于理解的特点，能够直观地呈现信息，帮助人们更好地理解和记忆知识。在教育领域，图示被广泛运用于教学材料和课件中，帮助学生理解抽象概念和复杂知识。在科学研究中，图示也经常用于展示实验结果和数据分析，使得研究成果更具可视化，便于交流和分享。此外，在广告和宣传中，图示也是一种常用的表现手段，能够吸引人们的注意力，有效地传达产品信息和宣传内容。

(2) 图像。

图像可以是照片、插图、绘画等形式，能够直观地呈现事物的外观和特征，使得信息更加生动和具体。在教育领域，图像通常用于教材和课件中，为学生展示具体的事物和场景，激发学生的学习兴趣和想象力。在广告和媒体中，图像也是一种常用的传播方式，能够吸引观众的注意力，提升信息传递的效果和影响力。此外，在科学研究和医学领域，图像也扮演着重要角色，用于展示实验结果、解剖图像和医学影像等，为研究和诊断提供重要参考。

(3) 声音。

声音可以是语言、音乐、自然声音等形式，能够传达情感、思想和意义，丰富信息传递的形式和方式。在教育和培训领域，声音被广泛运用于教学和讲解中，能够生动地展现内容，提高学习效果。在广播和广告中，声音也是一种重要的传播方式，能够吸引听众的注意力，传达信息和情感。此外，在娱乐和文化领域，声音也扮演着重要角色，如音乐、广播剧和有声读物等，丰富了人们的生活，满足了不同人群的需求。

3. 分布表示类

分布表示类包括连接机制表示及基因表示。基因表示是近年来被人工智能研究者认真思考的一种介于局部与分布表示之间的知识表示方法。它的分布性表现在这种知识表示方法的基本单元——染色体的任一基因与所表示的知识没有任何直接的对应关系,只有一段基因的合理组合才具有一定的含义。因此,可以认为知识是分布地表示在染色体的基因片段之中,而局部性主要考虑到染色体可以分成若干有实际含义的基因段。从对染色体上的遗传操作来看,知识表示呈现出分布性特征,但从其对后代的选择来看,知识表示又呈现出局部性的特征。对于人工智能研究来说,基因表示适合那些具有整体特性的知识。另外,这种知识表示方法所基于优化的搜索方法具有大规模并行处理的特点,因此,它对解决很多优化问题具有特殊的意义。

(三) 知识的基本类型

(1) 对象性知识。

对象性知识主要关注事物的属性和特征,例如描述鸟类有翅膀、知更鸟属于鸟类等。

(2) 事件性知识。

事件性知识侧重于描述现实世界中发生的动作和事件,比如描述明天在体育馆举行运动会等。

(3) 性能性知识。

性能性知识涉及如何实现某项任务以及相应的技能和能力,它包含了超出对象性和事件性知识范围的内容。性能性知识的存在可以决定一个人的独立工作能力、问题解决水平及创造力,例如某人擅长绘画等。

(4) 元知识。

元知识是知识表示领域的重要组成部分,它指的是能够推导出新知识的高层知识,包括如何使用规则、解释规则、校验规则以及解释程序结构等内容。与控制知识相比,元知识的作用有所重叠,但在某些情况下,以元知识或者无规则形式体现控制知识更为便捷。因为元知识存储于知识库中,而控制知识通常与程序结合在一起,不容易进行修改。例如,一个优秀的专家系统应该清楚自身能够回答哪些问题、不能回答哪些问题,这就需要具备关于自身知识的元知识。

(四) 知识的使用分析

1. 知识获取

获取知识是人工智能系统扩充其知识库的关键过程,包括以下几个步骤。

(1) 对新的数据结构进行分类,以确保其在加入数据库后能够被有效检索,这涉及对数据特征的识别和逻辑归类。

(2) 新的数据结构应能够与现有数据结构进行交互,通过这种交互,系统能够推理出先前任务的结果,从而丰富其知识库。

(3) 某些知识表示模式模仿人类的联想记忆机制,使系统能够以一种更符合人类认知习惯的方式获取知识。同时,人类专家的知识和经验也是系统获取新知识的重要来源。

若系统在获取新知识时未能适当执行上述步骤,则无法充分利用积累的新事实或数据结构来提升其知识驱动的行为。

2. 知识检索

知识检索是指从知识库中检索与特定问题相关的信息。在人工智能系统中,知识检索的基本策略包括链接和汇总。

(1) 链接是通过在相关数据结构之间建立显式指针来实现的,这允许在推理任务中快速访问相关联的结构。

(2) 汇总是将多个激活的数据结构整合成一个更大的结构,以便于在检索过程中实现自动推理。

3. 知识推理

当人工智能系统面临未明确指示的任务时,必须进行推理,即从现有知识中推导出新的知识点,具体包括以下几种类型。

(1) 形式推理。通过逻辑演绎从已知知识中得出新的结论。

(2) 过程推理。通过执行特定的算法或过程来解决具体问题。

(3) 类比推理。模仿人类通过比较类似情况来解决问题的思维方式,尽管在人工智能系统中实现这一推理方式存在挑战。

（4）概括和抽象推理。从具体实例中提取出一般性原则，这是人类思维中的一种重要但难以在程序中复制的推理方式。

（5）元推理。涉及对推理过程本身的推理，是认知过程中的一个基础性概念，心理学和人工智能领域的研究均表明，元推理在人类认知过程中可能起着核心作用。

（五）知识表示模型的标准

知识表示模型的标准是人工智能领域中的关键。尽管自然语言在人类之间传递知识方面非常有效，但将其直接用于计算机表示知识却面临着困难。这是因为自然语言存在二义性、语法复杂性和语义模糊性等问题，导致机器难以准确理解和处理。因此，需要寻求一种新的知识表示方法，以应对这些挑战。这种新方法应具有足够的表达能力和精确度，并且能够确保推理的正确性和效率。此外，从使用者的角度来看，这种表示方法还应具有良好的可读性和模块性。

知识表示模型的标准应包括以下内容。

（1）有效地表示某个特定领域所需的知识，并确保知识库中的知识是相容的，能够相互协调和整合。

（2）具备推导新知识的能力，能够轻松地建立新知识所需的新结构，从而实现对知识的不断扩充和更新。

（3）应便于获取新知识，最理想的情况是能够直接由人类输入知识到知识库中，以便及时更新和补充知识。

（4）方便将启发式知识与知识结构相结合，以便将推理过程集中在最有希望的方向上，提高推理的效率和准确性。

（六）其他知识表示与求解方法

智能问题求解中的知识表示是人工智能中的一个核心问题，在这一领域中，始终存在着很多重要而又难以逾越的挑战。针对不同的问题，采用不同的手段来解决是必要的。

1. 框架表示法

框架表示法作为一种知识表示方法，是建立在框架理论基础之上的。框架理论认为，人类在面对新情况时会从记忆中选择一个适当的结构，即"框架"，用来理解和适应新情况。这种框架是一种静态的数据结构，用来表示人们对世界的典型情况的认知。人们可以通过调用已有的框架，并根据需要对其进行调整，从而适应不同的情境。

在框架表示法中，框架被视为知识的基本单位，可以用来表示对象的结构和属性。例如，在面对一间教室时，人们可以根据之前建立的"教室"框架来理解教室的基本结构和特征，如墙壁、门窗、黑板等。这个框架中包含了有关教室的各种属性和关系，通过填入具体的细节信息，就可以得到教室的一个具体实例，称为实例框架。

框架不仅提供了一种组织工具，还可以将实例表示为结构化的对象，这些对象可以带有命名槽和相应的值。框架理论认为，一组相关的框架可以联结起来形成框架系统，系统的行为是由框架间的协调和变化来决定的。推理过程则是通过对框架的调用和协调来完成的。

（1）框架系统的组成。

框架系统作为一种知识表示方法，由名、槽、侧面和值4部分组成。在框架表示中，槽用于描述对象的各个属性，一个框架可以包含多个槽，每个槽描述对象的某一方面属性，而槽值则可以是逻辑型或数字型的。侧面则用于描述槽的一个方面，一个槽可以拥有多个侧面，每个侧面又可以有多个值，这些值被称为侧面值。槽值的填写可以通过4种方式实现：靠已知的情况或物体属性提供，通过默认隐含，通过调用框架的继承关系实现属性值继承，以及通过执行附加过程实现。附加过程侧面则包含一个附加过程，用于在上下文和默认侧面都没有提供属性值时进行计算或填充槽值的动作。

框架系统具有继承关系和嵌套关系。继承关系指的是一个框架可以继承另一个框架的属性和值，从而使得框架之间可以形成层次结构。嵌套关系则表示一个框架可以包含另一个框架，形成了一种包含关系，这样可以更好地组织和管理知识。框架系统的这种组成结构使得它具有较强的表达能力和灵活性，能够有效地表示和处理复杂的知识结构。

在框架系统中，每个侧面的填写方式不仅可以通过已知情况或物体属性提供，还可以通过默认隐含或调用继承关系实现属性值的继承，以及通过执行附加过程实现。这种多样化的填写方式使得框架系统能够灵活地应对不同的情况和需求，提高了知识表示的效率和准确性。框架系统的建立和运用有助于促进人工智能领域的发展，提高智能系统的性能和适应性。

（2）框架表示知识的步骤。

框架表示知识的步骤十分关键，它涉及对待表达的知识进行分析和组织，以确保知识能够准确而有效地被表达出来。下面是框架表示知识的主要步骤。

①对待表达知识中涉及的对象及其属性进行分析。这一步骤包括：找出待表达知识中的所有对象，并用框架将其表示出来；对这些对象的属性进行筛选，找出需要被表达的属性，并为其设置相应的槽。

②考虑各对象之间的联系，并使用一些常用的或根据具体需要定义的槽名来描述这些联系。常用的槽名包括：ISA 槽，用于指出对象间的抽象概念上的类属关系；AKO 槽，用于具体地指出对象间的类属关系；Instance 槽，用来表示 AKO 的逆关系；Part-of 槽，用于指出"部分"与"全体"的关系。

③对各层对象的"槽"及"侧面"进行合理组织安排，避免信息描述的重复。具体来说，可以抽取出不同框架中的相同属性构成上层框架，而在下层框架中则只描述某一种对象所具有的独特属性。这样可以有效地组织和管理知识，提高知识表示的效率和准确性。

（3）框架表示的推理。

框架表示的推理方法在知识推理领域中具有重要地位，与语义网络表示下的知识推理方法相似，都遵循匹配和继承的原则。框架表示的问题求解系统主要由两部分构成：一是由框架及其相互关联构成的知识库；二是用于求解问题的解释程序，即推理机。

在框架求解问题的匹配推理步骤中，首先将待求解问题用一个框架表示出来，其中的一些槽表示为未知处。接着，将待求解问题的框架与知识库中已有的框架进行匹配，逐个比较对应的槽名及槽值来进行匹配。如果两个框架的各对应槽没有矛盾或满足预先规定的条件，就认为这两个框架可以匹配。找出一个或几个可匹配的预选框架作为初步假设，在初步假设的引导下收集进一步的信息。接下来，使用一种评价方法对预选框架进行评价，以决定是否接受它。若可接受，则与问题框架的未知处相匹配的事实即为问题的解。

由于框架间存在继承关系，一个框架所描述的某些属性及属性值可能是从它的上层框架那里继承过来的，因此两个框架的比较往往要涉及它们的上层、上上层框架，增加了匹配的复杂性。框架系统的问题求解过程符合人们求解问题的思维过程，这一点值得特别关注。

（4）框架表示法的特点。

①能够以结构化的方式表达知识的内部结构关系和知识间的联系，这是其最为突出的特点之一。通过框架表示法，我们可以清晰地看到知识的组织结构，理解各部分之间的关系，从而更好地进行知识的管理和利用。

②通过将槽值设置为另一个框架的名字来实现框架间的联系，建立起表示复杂知识的框架网络。在这个网络中，下层框架可以继承上层框架的槽值，也可以进行补充和修改。这种设计不仅减少了知识的冗余，而且较好地保证了知识的一致性，使得知识的表示更加灵活和高效。

③体现了人们在观察事物时的思维活动。当我们遇到新事物时，往往会从记忆中调用类似事物的框架，并在此基础上对其进行修改和补充，从而形成对新事物的认识。这种认知过程与人类的思维活动高度一致，使得框架表示法具有较强的认知可理解性和易用性。

2. 脚本表示法

在日常生活中，很多常识性的知识需要以一种叙事体的形式来表达。如一个成年人到餐厅用餐，通常会在餐厅入口处受到接待，或者通过标志继续向前找到桌子。如果菜单没在桌上，服务员也没有送过来，那么顾客会向服务员要菜单，然后点菜、食用、付账、离开。这种叙事体表示的知识涉及面比较广，关系也较复杂，而自然语言理解程序即使要理解非常简单的会话，也需要使用相当大数量的背景知识，因此很难将叙事体表示的知识以形式化的方法表示出来交给计算机处理。为了解决这一问题，美国耶鲁大学研究设计小组提出了脚本表示法。

（1）脚本的行为原语。

脚本是一种结构化的表示，被用来描述特定上下文中固定不变的事件序列。自然语言理解系统使用脚本来根据系统要理解的情况组织知识库，在表示以叙事体表达的知识时，首先将知识中的各种故事情节的基本概念抽取出来，构成一个原语集，确定原语集中各原语间的相互依赖关系，然后把所有的故事情节都以原语集中的概念以及它们之间的从属关系表示出来。在抽象概念原语时，都应该遵守概念原语不能有歧义性、各概念原语应当互相独立等基本要求。

脚本应用程序机制（SAM）中对人的各种行为进行了原语化，抽象出了以下11种行为原语。

①INGEST：指使某物进入人体内，例如进食、饮水等行为。

②PROPEL：表示对某一对象施加外力，如推、压、拉等。

③GRASP：表示行为主体控制某一对象，如抓起某件东西、扔掉某件东西等。

④EXPEL：表示将某物从体内排出，例如排尿、呕吐等。

⑤PTRANS：表示某一物理对象的位置发生改变，例如一个人从一个地方走到另一个地方。

⑥MOVE：指行为主体移动自己身体的某一部分，例如抬手、弯腰等动作。

⑦ATRANS：表示某种抽象关系的转移，例如当将某物交给另一个人时，该物的所有关系都发生了转移。

⑧MTRANS：表示信息的传递或转移，例如观看电影、交谈、阅读书籍等活动。

⑨MBUILD：表示通过已有信息形成新的信息，例如由图像、文本、声音等形

成的多媒体信息。

⑩SPEAK：表示发出声音，例如歌唱、呼喊、交谈等。

⑪ATTEND：表示使用某种感官获取信息，例如看某物或听某种声音。

使用这 11 种行为原语及其相互依赖关系，可以把生活中的事件编制成脚本，每个脚本代表一类事件，并把事件的典型情节规范化。当接受一个故事时，找一个与之匹配的脚本，根据脚本排定的场景次序来理解故事的情节。

（2）脚本的组成部分。

脚本与日常生活中的电影剧本相似，有角色、道具、场景等。一个脚本由以下几部分组成。

①进入条件。调用脚本必须满足的条件描述。

②角色。各个参与者所执行的动作。

③道具。支持脚本内容的各种"东西"。

④场景。把脚本分解为一系列的场景，每一个场景表示脚本的一段内容。

⑤结果。脚本一旦终止就成立的事实。

（3）脚本表示知识的步骤。

①确定脚本运行的条件，脚本中涉及的角色和道具。

②分析所要表示的知识中的动作行为，划分故事情节，并将每个故事情节抽象为一个概念，作为分场景的名字，每个分场景描述一个故事情节。

③抽取各个故事情节（或分场景）中的概念，构成一个原语集，分析并确定原语集中各原语间的相互依赖关系与逻辑关系。

④把所有的故事情节都以原语集中的概念以及它们之间的从属关系表示出来，确定脚本关键场景序列，每一个子场景可能由一组原语序列构成。

⑤给出脚本运行后的结果。

（4）脚本表示的推理。

脚本表示法对事实或事件的描述结果为一个因果链，所描述的每一个事件前后是相互联系的。用脚本表示的问题求解系统一般包括知识库和推理机。知识库中的知识用脚本来表示,当需要求解问题时,推理机首先到知识库中搜索是否有适用于描述所要求解问题的脚本,如果有,则利用一定的控制策略,选择一个脚本作为启动脚本,将其激活,运行脚本,利用脚本中的因果链实现问题的推理求解。基于脚本表示的推理是一个匹配推理,推理过程假设所要求解的问题发生过程符合脚本中所预测的事件序列,如果所求解问题事件序列被中断,则可能会得出错误的结果。

(5)脚本表示法的特点。

①脚本表示法体现了人们在观察事物时的思维活动,组织形式类似于日常生活中的电影剧本,对于表达预先构思好的特定知识,如何理解故事情节等,都是非常有效的。

②脚本表示法是一种特殊的框架表示法,能够把知识的内部结构关系以及知识间的联系表示出来。

③脚本表示法的不足之处是它对知识的表示比较呆板,所表示的知识范围比较窄,不太适合用来表达各种各样的知识。

3. 过程表示法

知识表示方法分为陈述性知识表示法和过程性知识表示法两类。陈述性知识表示法主要关注事物的本质和特征,是对对象及其相关属性的静态描述。这种知识形式旨在提供关于事物的明确、详细的说明,其核心在于揭示对象是什么及其固有特性。这种知识的表示通过文字、符号或图像等形式传递,目的是让接受者能够直观理解事物的本质和相关信息。而过程性知识表示法是将所要表示的知识以及如何使用这些知识的控制策略一起隐式地表示为一个或多个求解问题的过程。过程性知识表示给出的是事物的一些客观规律,表达的是如何求解问题。

(1)知识的过程表示法。

过程表示法的本质是用程序的形式对知识进行表示,在这种表示法中已将那些用于求解问题的控制策略融于知识表示之中。过程表示法有多种实现形式,下面以过程规则表示法为例,说明知识的过程表示方法。

①激发条件。激发条件指在求解问题过程中,启动该知识所应满足的条件,或

者说是调用一个知识库中的程序所应具备的条件或提供哪些参数。激发条件一般由两部分构成：推理方向和调用模式。推理方向用以确定被调用过程是正向推理还是反向推理；调用模式则是调用该过程的形式参数，在调用该过程用于推理时，需要调用过程规则才能被激活。对于正向推理，只有当综合数据库中的已有事实可以与其调用模式匹配时，该过程规则才能被激活，数据库中的已有事实就类似于实参；对于反向推理，只有当调用模式与查询目标或子目标匹配时，才能将该过程规则激活，查询目标或子目标就类似于实参。

②演绎操作。演绎操作就是一个过程中将依次被执行的那些动作，由一系列的子目标构成，每一个子目标就类似程序中的一条语句。在应用推理求解问题时，当启动知识库中某个过程的激发条件被满足时，该过程即被启动，其中的每一个操作将被依次执行。

③状态转换。状态转换操作是指过程被执行中，用来完成对综合数据库的增、删、改操作，分别用 INSERT、DELETE 和 MODIFY 操作符实现。

④返回。过程规则的最后一个语句是返回语句，用以将控制权返回到调用该过程规则的上一级过程处。

（2）过程表示法的特点。

①过程性知识表示法用程序来表示知识，程序中嵌入了推理过程的控制策略，可以避免选择与匹配无关的知识，也不需要跟踪不必要的路径，因此比陈述性知识表示法程序求解效率高得多。

②由于控制策略已嵌入程序中，因而推理的控制策略比较容易设计和实现。

③过程性知识表示法将知识蕴含于程序中，因而不易对知识库进行修改或更新，而且对知识库的某一过程进行修改时，可能会影响到该过程调用的其他过程，所以对知识库的维护极不方便。

④由于有些知识并不适合用程序表示，因此过程性知识表示法适用的表示范围较窄。

(七)知识库的发展阶段

随着人工智能的发展,知识库的内容与功能也发生了重大的变化,与人工智能发展的 3 个时期一样,知识库也经历了 3 个发展阶段。

1. 第一阶段

知识库发展的第一阶段大约从 1956 年至 1980 年,这一时期标志着人工智能的早期发展。在这一阶段,尽管知识库的概念已经出现并被广泛提及,但尚未形成明确的定义,也缺乏具体的物理实现形式。知识库被泛指为"存储知识的地方",主要依赖于计算机内存等进行存储。因此,这一阶段的知识库尚处于起步阶段,未能完全实现知识库概念的潜力。当时,可获取的知识量有限,不需要复杂的管理系统,存储介质主要是易失性内存,而非长期持久的存储介质。例如,在 PROLOG 程序设计语言中,知识库通常以数据库的形式存在。因此,在这一时期,知识库的概念主要局限于知识的简单集合。

2. 第二阶段

知识库发展的第二阶段与人工智能的第二阶段发展相吻合,大约从 20 世纪 80 年代延续至 21 世纪初。这一时期,以知识为核心的专家系统的兴起与发展促进了知识库的实质性发展,出现了真正意义上的知识库及其系统,它们成为专家系统的核心组成部分。此时,知识库中存储的知识量开始显著增加(达到 MB 级别),因此对知识管理的需求也随之增长,存储介质转变为外存储器,如磁盘等,使得知识能够被长期持久地存储。在这一时期,知识库的概念发生了变化,它不仅是一种知识组织,还具备了管理能力和持久性。从计算机科学的视角看,这一阶段的知识库通常是建立在文件系统之上的。同时,多个知识库系统工具的出现使得开发知识库应用系统,即专家系统,成为可能。在这一阶段,知识库的理论、方法、系统和应用都取得了显著进展。

3. 第三阶段

知识库发展的第三阶段与 21 世纪初至今的人工智能发展相对应。在这一阶段,互联网的迅猛发展为知识库带来了新的机遇。现代知识库均构建在互联网平台之上，采用基于网络的知识表示方法，如本体论（ontology）和知识图谱等，它们可以独立于网络系统供整个互联网用户使用，极大地增强了知识的共享性。在这种情况下，知识库的概念再次演变，成为一种具有管理能力、持久性以及高度共享性的组织。从计算机科学的视角看，这种知识库是一种独立的软件管理实体。此外，由于知识库在知识获取方面的作用日益凸显，其能力也应包括知识搜索和获取。因此，这种知识库有时也被称为知识库系统。它是新一代人工智能中的关键组成部分，因此也被称作新一代知识库。与传统知识库相比，新一代知识库的特点包括：①知识搜集方式从人工搜集转变为自动化搜集；②知识推理机制从缺乏语义的自动推理发展为基于网络 Web 的、包含语义的推理；③人机交互界面从专用的操作语言演变为自然语言和语音交互。

二、知识搜索

搜索策略是人工智能中知识获取的基本技术之一，它在人工智能各领域中被广泛应用，特别是在人工智能早期的知识获取中，如在专家系统、模式识别等领域。

搜索策略在人工智能中属于问题求解的一种方法，在早期，它一直是人工智能研究与应用中的核心问题。它通常是先将应用中的问题转换为某个可供搜索的空间，称为"搜索空间"，然后采用一定的方法称为"策略"，在该空间内寻找一条路径称为"搜索路径"或称为"求解"，最终得到一条路径并有一个终点称为"解"。在问题求解中，问题由初始条件、目标和操作集合这 3 个部分组成。在搜索策略方法中一般采用的知识表示方法是状态空间法，将问题转化为状态空间图。而搜索则采用搜索算法思想作引导，在状态空间图中从初始状态（即初始条件）不断用操作做搜索，最终在搜索空间上以较短的时间获得目标状态，这就是问题的解。

因此，搜索策略方法就是以状态空间法为知识表示方法，以搜索算法思想作引导从而获得知识的一种方法。这是一种演绎推理方法。在该方法的讨论中主要是研究搜索算法思想，包括盲目搜索算法与启发式搜索算法等。

搜索策略方法在人工智能问题求解中扮演着重要角色，其核心目标是通过操作序列找到问题的解决方案，使得代价最小、性能最优。这种方法的实施包含 3 个主要阶段：问题建模、搜索和执行。首先，问题建模阶段将给定问题抽象为状态空间图的形式；其次，搜索阶段通过搜索算法引导，找到操作序列；最后，执行阶段执行搜索算法，得到操作序列。问题的基本信息包括初始条件、操作符集合、目标检测函数和路径费用函数。其中，初始条件和操作符集合定义了初始的状态空间，而目标检测函数和路径费用函数则用于确定目标状态和路径的费用。搜索方法分为盲目搜索和启发式搜索。盲目搜索方法按照固定方式进行操作序列的生成，效率较低且缺乏问题特性的考虑。而启发式搜索方法则加入与问题相关的启发式信息，指导搜索朝着最有希望的方向前进，以加速问题求解并找到最优解。盲目搜索和启发式搜索各有优劣，在实际问题中的应用需根据问题特性和可用信息来决定。

（一）盲目搜索

盲目搜索策略的一个共同特征是它们的搜索路径是预先确定的。目前，常用的盲目搜索策略主要包括广度优先搜索策略和深度优先搜索策略。在状态空间中，通常将初始状态视为单个状态，称为根状态。从这个状态开始的搜索生成的是有向树结构，称为搜索树。搜索树中存在两种基本的搜索算法：一种是首先扩展根节点，然后生成下一层的所有节点，再继续扩展这些节点的后继节点，如此循环，按照由浅入深的顺序进行，这种算法称为广度优先搜索。另一种方法是从根节点开始，每次仅选择一个子节点进行扩展，按从左到右的顺序逐个扩展子节点，只有在遇到一个死节点（即非目标节点且无法进一步扩展的节点）时，才回溯到上一层选择其他节点进行搜索，这种算法称为深度优先搜索。无论是广度优先搜索还是深度优先搜索，节点的遍历顺序都是固定的，即一旦搜索空间被确定，节点的遍历顺序也随之确定。这种遍历方式被称为"确定性"的，这是盲目搜索策略的一个特点。

广度优先搜索算法和深度优先搜索算法的区别在于它们生成新状态的顺序不同，并且它们具有两个主要特点：①它们主要用于解决搜索空间为树结构的问题，搜索结果得到的解是这个树的一个生成子树；②广度优先搜索能够保证找到路径长度最短的解（即最优解），而深度优先搜索则无法保证找到最优解。

由于广度优先搜索总是在扩展完第 n 层的所有节点后才转移到第（n+1）层，因此它总能找到最短路径的解。然而，这种方法在实际应用中可能并不总是有效，因为广度优先搜索的主要缺点是其盲目性较大，特别是当目标节点距离初始节点较远时，可能会生成大量无用节点，最终可能导致组合爆炸问题。

（二）启发式搜索

启发式搜索是一种在搜索过程中利用与问题相关的特征信息来预测目标节点的潜在方向，并沿着该方向进行搜索的方法，旨在缩小搜索范围并提高搜索效率。

启发式搜索的具体实施包括使用评估函数来决定是否继续扩展某个节点。评估函数为每个节点计算一个整数值，即节点的评估函数值，通常较小的评估函数值意味着该节点更值得扩展。在启发式搜索算法中，扩展节点的全部子节点之前，会使用评估函数进行判断。

1. 评估函数

评估函数的作用是估计待搜索节点的重要性，并为它们排列顺序。在启发式搜索中，每个待扩展节点都会根据与问题相关的语义信息（如距离、时间、金钱等）被赋予一个评估函数值。这些语义信息需要由人工确定，因此评估函数的设计具有一定的灵活性。不同的语义因素设置会导致即使采用相同算法，搜索效果也会有所不同。

2. 启发式信息

启发式信息在问题求解过程中起着至关重要的作用，它是一种与问题求解过程相关的控制信息，能够指导搜索过程朝着最有希望的方向前进。启发式信息通常包括 3 种类型：指导搜索过程确定哪些节点最有可能导向目标的信息；帮助决定应该生成哪些后继节点以避免不必要的节点生成，提高搜索效率的信息；决定在扩展节点时应从搜索树中删除哪些节点以减少搜索空间大小的信息。有效的启发式信息使用可以显著减少搜索过程中产生的无用节点，提高搜索效率。

3. A 算法

A 算法是一种启发式搜索算法，它在每一步搜索中都利用评估函数，从根节点开始对其子节点计算评估函数值，并按照函数值的大小选择最小的节点向下扩展，直至达到目标节点。

4. A'算法

A 算法的一个局限性在于它不对启发式函数的准确性做出要求，因此无法保证得到的结果的质量。为了克服这一不足，A'算法对启发式函数进行了限制，通过设置一个满足条件 $h(n) \leq h'(n)$ 的启发式函数 $h'(n)$，如果问题有解，A'算法能够保证得到一个代价较小的结果。在 A'算法中，关键在于正确设置 $h'(n)$，它应该是一个具有明确语义的、代价最小或较小的函数。如果 $h'(n)$ 代表的是代价最小的路径，则 A'算法能够找到最优解。

第二节 机器语言与自然语言处理

一、机器学习

"机器学习是实现人工智能的重要技术手段之一，在计算机视觉、自然语言处理、搜索引擎与推荐系统等领域有着重要应用。"[1]

（一）学习与机器学习

1. 学习的内涵

学习是一个不断发展的过程，它是人类从外界获取知识的主要途径。人类的知识主要通过"学习"这一行为获得。尽管人类对学习的方法和机制的了解仍有待深入，但这并不妨碍我们对学习本质的进一步探索以及对机器学习领域的研究。

一般而言，学习可以分为两种基本形式：间接学习和直接学习。

---

[1] 李家宁，熊睿彬，兰艳艳，等. 因果机器学习的前沿进展综述[J]. 计算机研究与发展，2023，60（1）：59-84.

间接学习主要通过他人的传授获取知识，这包括但不限于老师、家长、前辈等的言传身教，同时也包括从书籍、视频、音频等多种媒介中获取的信息。

直接学习则是通过个人与外部世界的直接互动获得知识，这涉及观察、实验、实践等活动。这种学习方式是人类获取新知识的重要途径。

人类学习的过程通常是从直接经验出发，通过归纳、联想、范例分析、类比推理、灵感启发及顿悟等认知手段来获得新的知识。这一过程不仅涉及对现有知识的积累，还包括对新知识的创造和理解。

2. 机器学习的内涵

机器学习是基于人类学习概念发展起来的一门学科，它利用计算机系统模拟人类的学习过程。机器学习的核心在于归纳思维，通过这种方法，计算机系统能够从大量具体事实中抽象出具有普遍性的知识。

机器学习的主要内容包括其结构模型和研究方法。结构模型是机器学习在计算机系统上的具体实现，它分为计算机系统内部和外部两个部分。计算机系统内部包括学习系统，该系统在计算机的支持下运行。计算机系统外部则指学习系统所交互的外部世界。

（1）机器学习中的学习系统承担着学习的核心任务，它是一个计算机应用系统，主要由以下3部分组成。

①样本数据。学习系统通过数据进行学习，这些数据被称为样本数据。样本数据应具有一致的数据结构，并且要求数据量充足、准确性高。通常，样本数据是通过感知器从外部环境中获取的。

②机器建模。学习过程在系统中通过算法表示，并以程序模块的形式实现。在执行过程中，需要输入大量样本数据进行统计分析。机器建模是学习系统中的关键环节。

③学习模型。以样本数据为输入，通过机器建模的运行过程，最终产生学习结果。这个结果体现为知识模型，称为学习模型。

（2）学习系统外部世界是学习系统的研究对象，主要由环境和感知器两部分组成。

①环境。指外部世界的实体，是获取知识的原始来源。

②感知器。由于环境中的实体形式多样，包括文字、声音、语言、动作、行为、姿态、表情等静态和动态形式，以及不可见或不可感的形式（如红外线、紫外线、引力波、磁场等），需要通过感知器将这些实体转换为学习系统中具有一定结构的数据。感知器的种类繁多，包括模/数或数/模转换器、各类传感器，以及专门用于声音、图像、音频、视频等的输入设备。

（二）机器学习的基本要素

机器学习是在计算机系统支持下，由大量样本数据通过机器建模获得学习模型作为结果的一个过程，可以表示为

样本数据+机器建模=学习模型

由此可见，机器学习的两个关键要素是样本数据与机器建模。

1. 样本数据

样本数据，也称为样本，是客观世界中事物在计算机中的一种结构化表示。样本由多个属性组成，这些属性反映了样本的固有特征。在机器学习中，样本对于建模过程至关重要，它们构成了用于训练模型的数据集合。一般而言，样本数据的量越大，训练得到的模型准确性越高，因此样本数据应具有大规模性。

在模型训练中，样本的属性分为两种：训练属性和标号属性。训练属性仅用于模型训练，而标号属性则是训练属性对应的输出数据。不带标号属性的样本称为不带标号样本，而带有标号属性的样本称为带标号样本。不同种类的样本用于训练不同类型的模型。

2. 机器建模

机器建模是利用样本数据训练模型的过程，可分为以下3种类型。

（1）监督学习。

使用带标号样本训练模型的方法称为监督学习。此方法在训练前已知输入和相应的输出，目标是建立一个从输入到输出的映射模型。监督学习需要大量样本以调

整模型参数,直至收敛到稳定值。这是目前最有效且广泛使用的方法,尤其适用于分类分析,因此也称为分类器。然而,获取带标号样本数据存在一定难度。

(2)无监督学习。

使用不带标号样本训练模型的方法称为无监督学习。在训练前,仅提供训练样本,模型通过算法的自我调节、更新和完善逐步形成。无监督学习常用的方法包括关联规则和聚类分析。虽然样本较易获取,但模型的规范性可能不足。

(3)半监督学习。

半监督学习又称为混合监督学习,先使用少量带标号样本进行训练,然后利用大量不带标号样本继续训练。这种方法结合了监督学习和无监督学习的优点,避免了两者的不足。此外,还有非典型的半监督学习方法,即弱监督学习。

3. 学习模型

在探索学习模型的多样性时可以发现,这些模型不仅反映了个体在知识获取过程中的不同倾向,而且揭示了人们在面对学习任务时所采取的多样化策略。学习模型的 4 种模式——具体经历倾向型、反思观察倾向型、抽象概念化倾向型和积极试验化倾向型——各自代表了一种独特的学习路径,它们在个体的认知发展和知识构建中扮演着关键角色。

(1)具体经历倾向型。

具体经历倾向型的个体依赖于直接的经验来引导其学习过程。他们倾向于通过亲身体验来吸收知识,而不是通过系统的分析。这种学习方式强调了直觉和本能在决策中的作用,使得学习者能够在轻松愉快的氛围中与他人相处,对生活保持一种开放和乐观的态度。这种模式下的学习者,往往能够在实践中快速学习和适应,但可能在面对需要深入分析和理论推导的情境时显得力不从心。

(2)反思观察倾向型。

反思观察倾向型的个体则更注重对环境的细致观察和深入分析。他们倾向于从不同的角度审视问题,通过对事物的反思来理解其背后的含义。这种学习者在做出决策之前,会进行详尽的评估,力求做出深思熟虑的选择。他们的学习过程往往伴随着对观念的深入探讨和对不同观点的考量,这使得他们在理解复杂概念和解决复杂问题时表现出色。

(3)抽象概念化倾向型。

抽象概念化倾向型是指一种学习者的特质,其特点在于强调逻辑、观念和概念的运用,而相对抗拒进行自觉判断。这一类学习者更为偏好系统规划和定量分析,其思维方式着重于建立和理解概念体系,而非情感倾向或直觉。对于他们而言,深入思考和逻辑推理比起情感上的投入更具吸引力。这种倾向型的学习者在学习过程中更倾向于通过理性分析和逻辑推理来处理信息,而不是凭借直觉或情感驱动。他们习惯于将所学知识放置在系统化的框架中,通过对概念和原理的深入理解来掌握知识。这样的特点使得他们在处理抽象概念时更为游刃有余,能够更加准确地理解和应用理论知识。

(4)积极试验化倾向型。

积极试验化倾向型是一种学习者的特质,其主要表现为乐于积极参与实际应用和变革过程,相对较少对实际工作进行深入审视。这类学习者注重行动和结果,对于实践的成果更加关注,而非深入的理论探讨。这种倾向型的学习者在学习和工作中更倾向于通过实践和尝试来获取经验和知识,而非仅仅停留在理论层面。他们喜欢亲自动手,参与到项目和任务中去,并通过实际操作来检验和验证自己的想法和理论。对于他们而言,学习的真正意义在于将所学知识应用到实际生活和工作中,通过实践获得反馈和经验。

(三)机器学习的主要算法

1. 人工神经网络算法

"人工神经网络是一种模仿人脑神经网络结构和功能的信息处理系统,是一种分布式并行处理信息的抽象数学模型,现已在许多科学领域得以成功应用。"[①] 人工

---

① 王良玉,张明林,祝洪涛,等. 人工神经网络及其在地学中的应用综述[J]. 世界核地质科学,2021,38(1):15-26.

神经网络分为 3 部分：基本人工神经元模型、基本人工神经网络及其结构和人工神经网络的学习机理。

（1）基本人工神经元模型。

在人工神经网络中，人工神经元是构成网络的基本单元。人工神经元有多种模型，其中最常见的是基本人工神经元模型（简称神经元模型），这是一个标准化的模型，可以用数学形式表示。一个人工神经元通常由输入、内部结构和输出 3 部分组成。

①输入。一个神经元可以接收来自外部的多个输入信号，即来自其他神经元的单向输出信号 X_i。每个输入信号通过一个连接线传输，并与一个权重 W_{ij} 相乘，其中 i 代表外部神经元的输出编号，j 代表目标神经元的编号。权重 W_{ij} 的值通常在一个特定的范围内，可以是正数也可以是负数。

②内部结构。人工神经元的内部结构由以下 3 个关键组件构成。

一是加法器。神经元接收来自外部的 m 个输入信号 X_i 与相应的权重 W_{ik} 的乘积进行累加（$i=1, 2, \cdots, m$），形成线性加法器。加法器的输出反映了外部神经元对目标神经元的影响。

二是偏差项。为了补偿外部干扰和其他因素可能带来的偏差，神经元内部包含一个偏差值，通常用 b 表示。

三是激活函数。激活函数用于限制神经元输出的幅度，确保输出值位于特定的范围内，如[-1,+1]或[0,1]。常用的激活函数包括 Logistic 函数和双曲正切函数（Tanh）等。

③输出。神经元的输出 O_k 是加法器输出经过激活函数处理后的结果，它可以通过连接线传递给其他神经元作为输入。

（2）基本人工神经网络及其结构。

人工神经网络由人工神经元按照特定规则组成，分为基本网络和深层网络。这里主要介绍基本人工神经网络，也称为感知器，它通常包括单层感知器、双层感知器和三层感知器等。尽管自然界的大脑神经网络结构复杂且规律性不强，人工神经网络为了实现特定的功能和目标,采用了规则化的结构设计,具体如下。

①单层与多层结构。人工神经网络按照层次组织,每层由相同内部结构的多个神经元并行组成,这些神经元通常不相互连接,而层与层之间通过连接线相连。一个人工神经网络由多个层构成,可以是单层、双层或多层。

②结构方式——前向型与反馈型。在人工神经网络中,神经元按层排列,连接线具有方向性。如果网络中不存在任何回路,则称为前向型人工神经网络结构;如果网络中存在封闭回路(通常包含一个延迟单元作为同步组件),则称为反馈型人工神经网络结构。根据单层/多层和前向/反馈的不同组合,可以构建多种人工神经网络模型,如 M-P 模型、BP 模型和 Hopfield 模型等。

(3)人工神经网络的学习机理。

人工神经网络能够自动进行学习,其基本原理是:首先创建带有标号的样本集,然后使用神经网络算法对样本集进行训练。在训练过程中,网络通过不断调整不同层之间神经元连接的权重 W_{ij},使训练误差逐渐减小,直至完成网络训练学习过程,从而建立数学模型。将建立的数学模型应用于测试样本进行分类测试,测试完成后得到的模型即为可实际使用的学习模型。

人工神经网络的学习过程基于现实世界的数据样本,使用数据样本对网络进行训练。每个数据样本包含输入和输出数据,反映了客观世界中数据间的因果关系。将输入数据提供给人工神经网络,可以得到两种结果:人工神经网络的预测输出和样本的真实输出。两者之间存在一定的误差,为了减少这种误差,需要调整网络中的参数,特别是权重 W_{ij}(以及偏差值)。这一过程是通过一组明确定义的学习算法来实现的,称为训练。通过持续的训练,权重的调整值将趋于零,实现权重的收敛和稳定,完成整个学习过程。经过训练的人工神经网络成为一个掌握了一定知识的模型,具备归纳推理能力,能够进行预测、分类等任务。

2. 贝叶斯算法

贝叶斯算法是一种统计方法,它属概率论范畴,用概率方法研究客体的概率分布规律。贝叶斯算法中的一个关键定理是贝叶斯定理,利用贝叶斯算法与贝叶斯定理可以构建贝叶斯分类规律。目前贝叶斯分类有两种：一种是朴素贝叶斯分类或称朴素贝叶斯网络；另一种是贝叶斯网络或称贝叶斯信念网络。

贝叶斯分类也是以训练样本为基础的，它将训练样本分解成 n 维特征向量 $X=\{x_1, x_2, \cdots, x_n\}$，其中特征向量的每个分量 $X_i\{i=1, 2, \cdots, n\}$ 分别描述 X 的相应属性 $A_i\{i=1, 2, \cdots, n\}$ 的度量。在训练样本集中，每个样本唯一地归属于 m 个决策类 $C_1, C_2, \cdots, C_m$ 中的一个。如果特征向量中的每个属性值对给定类的影响独立于其他属性的值，亦即是说，特征向量各属性值之间不存在依赖关系（称此为类条件独立假定），此种贝叶斯分类称为朴素贝叶斯分类，否则称为贝叶斯网络。朴素贝叶斯分类简化了计算，使得分类变得较为简单，利用此种分类方法可以达到精确分类的目的。而在贝叶斯网络中，由于属性间存在依赖关系，因此可以构建一个属性间依赖的网络以及一组属性间概率分布参数。

贝叶斯算法的优势包括：①可以综合先验信息与后验信息；②适合合理带噪声与干扰的数据集；③其结果易于被理解，并可解释为因果关系；④对于满足类条件独立假定时所用的朴素贝叶斯分类更具有概率意义下的精确性；⑤贝叶斯算法一般也用于分类学习中。

3. 迁移学习算法

（1）迁移学习的概念。

在人类的学习过程中，存在多种学习方式和特征，它们在不同情境下具有相似性。例如，掌握骑自行车的技能可以显著促进学习开摩托车的过程。同样，熟悉中国象棋的人也能较快地学会国际象棋，甚至在围棋学习上也能体现出类似的优势。这种现象表明，在一个领域获得的知识可以辅助另一个领域中相似知识的学习，这就是迁移学习的核心思想。基于这一思想，人工智能领域发展了迁移学习的理论，它作为机器学习的一个分支，用于知识的获取和迁移。迁移学习的基本构成包括以下几个方面。

①源领域。指包含待迁移知识的原始领域，如"自行车"或"中国象棋"。

②目标领域。指待迁移知识所指向的新领域，如"摩托车""国际象棋"或"围

棋"。

③迁移学习。通过特定的变换和映射手段，将源领域中的知识转移到目标领域，以降低学习成本并提高学习效率的过程。

在迁移学习中，目标领域的学习过程通常分为两个阶段。

第一阶段，从源领域通过迁移学习迁移一部分相似知识到目标领域。

第二阶段，利用这些迁移的知识作为起点，在目标领域继续学习，由于已有相关知识，学习过程变得更加简单和高效。

迁移学习的效果尤为显著，尤其是在监督学习中，尽管方法多样且效果显著，但获取带标号样本数据较为困难；而在无监督学习中，尽管获取不带标号样本数据较为容易，但学习效果通常不如监督学习。因此，在迁移学习中，常将源领域中通过监督学习获得的良好结果迁移到目标领域，然后在目标领域使用无监督学习方法，这样可以使整个学习过程变得更加容易和方便。

（2）迁移学习的内容。

迁移学习的基本内容包括迁移内容与迁移算法。

①迁移内容。迁移学习在人工智能领域中涉及多个方面的内容，主要包括3个关键部分。

一是样本迁移。涉及将源领域中的相似样本数据迁移到目标领域，并进行适当的权重调整。这种方法的优点在于操作简单、方便，但难点在于权重调整的精确性，通常依赖于人为经验判断。

二是特征迁移。指将源领域中的相似特征通过映射迁移到目标领域，作为目标领域中的特征知识。特征迁移适用于大多数方法，但映射设置的准确性是一个挑战，同样依赖于人为经验。

三是模型迁移。涉及将源领域中的整个模型迁移到目标领域，前提是两个领域具有相同的模型结构。模型迁移的是参数，通过特定的变换将源领域中的模型参数迁移至目标领域。模型迁移是当前研究的热点，其预期效果较为理想。

②迁移算法。迁移算法是迁移学习研究的核心，当前研究主要集中在特征迁移

算法上，并取得了显著进展。未来的研究将逐渐转向模型迁移算法。迁移学习算法研究面临如下挑战。

一是领域相似性和共性度量。需要研究准确的度量算法，以实现有效的迁移学习。

二是应用场景的多样性。不同应用场景对迁移学习算法的需求不同，因此需要开发适应不同应用场景的定制化算法。

三是有效性理论研究。目前对迁移学习算法有效性的理论支持不足，需要深入研究迁移学习条件和正迁移的本质属性，避免负迁移。

四是大数据环境下的算法效率。在大数据环境下，研究高效的迁移学习算法尤为重要，以适应当前的数据规模和应用需求。

（3）迁移学习的评价。

迁移学习通过利用现有的模型知识，使得成熟的机器学习模型经过少量调整即可适应新的任务，显示出其重要的应用价值。近年来，迁移学习在文本分类、文本聚类、情感分析、图像分类等多个领域取得了显著的应用成果。迁移学习是一个新兴的研究领域，其理论基础和算法研究仍在不断发展之中，应用前景广阔。当前的重点在于算法研究，有效的算法是推动迁移学习应用发展的关键。

4. 强化学习算法

强化学习来自动物学习以及控制论思想等理论，这种学习的基本思想是通过学习模型与学习环境的相互作用所产生的某种动作是强化（鼓励或者信号增强）还是弱化（抑制或者信号减弱）来动态地调整动作，最终达到模型所期望的目标。

在强化学习算法下，为达到某固定目标学习模型与环境相互作用，模型不断采用试探方式执行不同动作以产生不同结果，通过奖励函数，对每个动作打分，通过分值的大小表示对结果的认可度。这样，在奖励函数的引导下学习模型通过自主学习方式得到相应策略以达到最终的结果目标。

在强化学习算法中，学习模型能自主产生的动作实际上是一个不带标号样本。而这种样本通过奖励函数计算而得的数据则是标号属性，这两者的结合组成一种新的样本则是一个带标号样本。因此在此方式下，模型不断自主产生不带标号样本，经奖励函数计算后得到带标号样本，因此这是一种弱监督学习方法。

二、自然语言处理

自然语言处理是一门涉及人类语言与计算机之间交流与理解的学科，其研究旨在实现人与计算机之间通过自然语言进行有效沟通的理论和方法。人类所使用的语言被称为自然语言，与之相对的是人工语言，如计算机语言和世界语等。自然语言是人类智能思维活动的主要表达方式，在人工智能领域中具有重要的应用，被称为自然语言处理。

在自然语言处理的研究中，主要包括两方面内容：一是将人类智能思维活动通过自然语言表示，以便计算机能够理解和处理，这称为自然语言理解；二是将计算机中的思维意图转换为自然语言，以便人类能够理解，这称为自然语言生成。

自然语言的表示形式主要包括文字形式和语音形式，其中文字形式是基础。因此，在NLP领域的讨论中通常将其分为文字形式和语音形式。文字形式的自然语言处理涉及基于文字的自然语言理解和生成，而语音形式的自然语言处理则涉及基于语音的自然语言理解和生成。

（一）自然语言理解

自然语言理解的原理主要针对汉语进行研究，其研究对象是汉字串，即由一系列汉字组成的文本。研究的目标在于实现计算机对汉语文本的理解，建立具有语法结构和语义内涵的知识模型。在处理汉字串时，自然语言理解所面临的主要挑战之一是汉语的歧义性。因此，理解汉字串需要考虑上下文、不同场景和语境的影响。

自然语言理解的过程涉及大量的相关知识，包括已知和需专门学习获取的知识。在实际应用中，为了消除歧义并确保理解结果与原意一致，人工智能技术发挥了重要作用。这涉及知识与知识表示、知识库、知识获取等方面的技术，其中知识推理、机器学习和深度学习等方法尤为关键。

从研究对象出发，自然语言理解的基本理解单位是词，它们组成了句子，句子则形成了段落、章节和篇章等更大的结构。在理解词和句子的过程中，需要进行词法分析、句法分析和语义分析等。

1. 词法分析

词法分析包括分词和词性标注。

（1）分词。

在汉语中词是最基本的理解单位，与其他种类语言不同，如英语等，词间是有空隔符分开的。在汉语中词间是无任何标识符区分的，因此词是需要切分的。故而，一个汉字串在自然语言理解中的第一步是将它顺序切分成若干个词，就是将汉字串经切分后成为词串。

词的定义并非固定不变，而是具有一定的灵活性，受到词法、语义等因素的影响，同时也与应用场景、使用频率等其他因素密切相关。在中文分词领域，存在多种不同的方法，每种方法都有其独特的特点和适用场景。

①基于词典的分词方法。该方法首先需要建立一个包含各种词汇的词典，然后通过逐个匹配词典中的词汇来进行切分。这种方法适用于涉及专业领域较小、汉字串比较简单的情况，但在处理复杂语境下的分词方面效果有限。

②基于字序列标注的分词方法。该方法对句子中的每个字进行标记，通常采用4种符号标记（B、I、E、S），分别表示当前字是一个词的开始、中间、结尾，或者独立成词。这种方法可以较好地应对复杂的语境，但需要大量地标注数据进行训练。

③基于深度学习的分词方法。深度学习技术为分词任务带来了新的思路，它直接以字向量作为输入，通过多层非线性变换来预测当前字的标记或下一个动作。在深度学习框架下，仍然可以采用基于字序列标注的方式，但通过优化最终目标，可以更有效地学习和捕捉到原子级别的特征和上下文表示，从而更好地刻画长距离句子信息。这种方法的优势在于其能够有效地应对复杂的语境，并且具有较高的灵活性和泛化能力。

（2）词性标注。

为每个词赋予一个类别，即词性标记，如名词、动词、形容词等。这些词性标记能够帮助理解句子的结构和含义，为后续的句法分析和语义分析提供必要的信息。在中文语境下，词性标注面临着一些挑战。

首先，中文词语缺乏形态变化，与许多其他语言相比，词的形态变化较少，因此无法直接从词的形态上判断其词性。

其次，许多中文词语具有多义性和兼类现象，即一个词在不同语境下可能具有不同的词性。这使得词性标注更需要依赖语义信息，而不仅仅是依靠词的形态特征。

由于中文词性标注的复杂性，简单的词典查找等传统方法往往效果不佳。因此，研究人员通常借助机器学习和深度学习等技术来解决这一问题。这些技术能够从大规模的语料库中学习词语在不同语境下的使用情况，进而实现准确的词性标注。

目前，有效的中文词性标注方法，可以分为基于规则的方法和基于统计学习的方法。

①基于规则的方法。通过建立规则库以规则推理方式实现的一种方法，此方法需要大量的专家知识和很高的人工成本，因此仅适用于简单情况下的应用。

②基于统计学习的方法。词性标注是一个非常典型的序列标注问题，由于人们可以通过较低成本获得高质量的数据集，因此，基于统计学习的词性标注方法取得了较好的效果，并成为主流方法。

随着深度学习技术的进步，基于深层神经网络的词性标注方法逐渐兴起。相对于传统的词性标注方法，深度学习方法在特征抽取方面有所不同。传统方法依赖于人工组合固定上下文窗口内的词汇，而深度学习方法通过自动应用非线性激活函数来实现这一过程。

2. 句法分析

在经过词法分析后，汉字串就成了词串，句法分析就是在词串中顺序组织起句子或短语，并对句子或短语结构进行分析，以确定组织句子的各个词、短语之间的关系，以及各自在句子中的作用，将这些关系用一种层次结构形式表示，并进行规范化处理。在句法分析过程中常用的结构方法是树结构形式，此种树称为句法分析树。

句法分析是通过专用的句法分析器进行的，这个分析器的输入是一个句子，输出是一个句法分析树。句法分析的方法可以分为两种：一种是基于规则的方法，另一种是基于学习的方法。基于规则的句法分析方法是早期采用的方法，常见的包括短语结构文法和乔姆斯基文法。这些方法建立在预定义规则的基础上，通过推理来对句子进行分析。然而，由于规则的固定性以及句子结构的多义性，这种方法的效果并不理想。

基于学习的句法分析方法，从 20 世纪 80 年代末开始，随着语言处理的机器学习算法的引入，以及大数据量"词料库"的出现，自然语言处理发生了革命性变化。最早使用的机器学习算法，如决策树、隐马尔可夫模型在句法分析中得到应用。早期许多值得关注的成功发生在机器翻译领域，特别是 IBM 公司开发的基于统计机器学习模型。该系统利用加拿大议会和欧洲联盟制作的"多语言文本语料库"将所有政府诉讼程序翻译成相应政府系统的官方语言。最近的研究越来越多地关注无监督和半监督学习算法。这样的算法能够从手工注释的数据中学习，并使用深度学习技术在句法分析中实现最有效的结果。

3. 语义分析

语义分析是自然语言处理中的重要任务之一，旨在通过机器学习方法来理解文本所表达的语义内容。这一过程通常涉及对词、句子和段落进行分析，可以分解为词汇级、句子级和篇章级语义分析。

（1）词汇级语义分析。

词汇级语义分析关注的是如何获取或区别单词的语义。在这个级别上，算法试图理解单词的含义和语境，以便更好地理解整个文本的意思。

（2）句子级语义分析。

句子级语义分析旨在分析整个句子所表达的语义。这涉及对句子中的词语和短语进行综合考虑，以确定整个句子的含义和语境。

（3）篇章级语义分析。

篇章级语义分析致力于研究自然语言文本的内在结构，并理解文本单元　（如句子、从句或段落）之间的语义关系。这一级别的分析有助于理解文本的整体含义和逻辑结构。

目前，主流的语义分析技术采用基于统计的方法。这些方法以信息论和数理统计为理论基础，通过机器学习技术从大规模语料库中自动获取语义知识。通过分析大量的语言数据，这些方法可以帮助计算机更好地理解和处理自然语言。

（二）自然语言生成

自然语言生成是将计算机中的思维意图通过人工智能中的知识模型表示后，再转换成可以被人类理解的自然语言的过程。在自然语言生成中，广泛应用了人工智能技术。一般而言，自然语言生成结构主要由以下3部分构成。

1. 内容规划

内容规划在自然语言生成中扮演着关键角色。这个阶段的首要任务是将计算机中的思维意图用人工智能中的知识模型表示，分为内容确定和结构构造两个阶段。

（1）内容确定阶段。

内容确定阶段的主要任务是决定生成文本应该表达的问题，即计算机中的思维意图的表示。这意味着确定何种信息需要被表达，以满足特定场景或需求。这个过程需要考虑到目标受众、上下文环境和预期效果等因素。内容确定的质量直接影响着最终生成文本的准确性和有效性。

（2）结构构造阶段。

结构构造阶段的任务则是对已确定内容进行结构化描述，即建立知识模型。这包括将要表达的内容按照一定的结构组织起来，并确定这些内容块之间如何相互联系，以便更符合阅读和理解的习惯。结构构造不仅仅是简单的信息排列，还需要考虑到文本的逻辑性、连贯性和易读性，以确保生成的文本能够清晰地传达思想，并容易被人理解和接受。

2. 句子规划

在内容规划基础上进行句子规划。句子规划的任务就是进一步明确定义规划文本的细节,具体包括选词、优化聚合、指代表达式生成等。

(1) 选词。

在规划文本的细节中,必须根据上下文环境、交互目标和实际因素用词或短语来表示。选择特定的词、短语及语法结构以表示规划文本的信息,这意味着对规划文本进行消息映射。有时只用一种选词方法来表示信息或信息片段,在多数系统中允许多种选词方法。

(2) 优化聚合。

在选词后,对词按一定规则进行聚合,从而组成句子的初步形态。优化后使句子更为符合相关要求。

(3) 指代表达式生成。

指代表达式生成决定句子采用什么样的表达式。句子或词汇应该被用来指代特定的实体或对象,在实现选词和聚合之后,对指代表达式生成的工作来说,就是让句子的表达更具语言色彩,对已经描述的对象进行指代以增加文本的可读性。

句子规划的基本任务包括:确定句子的边界,组织句子内部的内容,处理句子之间的交叉引用和回指情况,选择合适的词汇或段落来表达内容,确定时态、语气模式,以及其他句法参数等。在进行句子规划时,需要生成一个子句集合列表,每个子句都应该遵循较为完善的句法规则。然而,自然语言中存在许多歧义性和多义性,以及各个对象之间广泛的交叉联系,这使得实现理想化的句子规划变得极具挑战性。

3. 句子实现

在完成句子规划后,即进入最后阶段——句子实现,包括语言实现和结构实现,具体地讲就是将经句子规划后的文本描述映射至由文字、标点符号和结构注解信息组成的表层文本。

句子实现生成算法的流程首先进行语法分析,通常遵循主谓宾的结构,然后确定动词的时态和形态。接着,算法进行遍历输出,将生成的内容与实际文本的段落、章节等结构进行映射,这个过程称为结构实现,它将结构注解信息与实际文本结构相连接。最后，句子实现生成算法将短语描述映射到实际的句子或句子片段，以形成最终的语言表达。

（三）自然语音处理

语音处理技术涵盖了语音识别、语音合成及语音处理3个核心领域。这里所指的自然语言主要是指汉语。具体来说，语音识别是指将汉语语音转换成汉字文本的过程，而语音合成则是将汉字文本转化为汉语语音的过程。在实现了语音识别和语音合成的基础上，通过结合基于文本的自然语言处理技术，可以完成语音形式的自然语言处理任务，这一整体过程通常被称为语音处理。

在语音处理的研究与应用领域，广泛采用了多种先进的人工智能技术。这些技术包括但不限于知识表示、知识库构建、知识获取等。在这些技术的应用中，特别强调了知识推理、机器学习及深度学习等方法的重要性，尤其是在深度神经网络多种算法上的应用。此外，语音处理技术与大数据技术的结合也非常紧密，这种结合为高效的数据分析和精确的模型训练提供了强有力的支持。得益于这些技术的融合与应用，语音处理在以下领域均取得了显著的进展和突破。

1. 语音识别

语音识别技术是指利用计算机实现从语音信号到文字信息的自动转换过程。在实际应用中，它通常与自然语言理解和语音合成等技术相结合，以提供一个基于语音的、自然流畅的人机交互体验。

早期的语音识别技术主要依赖于信号处理和模式识别方法。然而，随着技术的发展，特别是机器学习尤其是深度学习技术的引入，为语音识别领域带来了革命性的变革。为了提高识别的准确性，语音识别系统往往需要融合语法和语义等更高层次的语言知识，这与自然语言处理技术紧密相关。此外，随着数据量的增长和计算能力的提升，语音识别技术越来越依赖于大规模数据资源和先进的数据优化技术。因此，语音识别领域与大数据处理、高性能计算等新技术的结合日益紧密，为其持续发展提供了广阔的可能性。

语音识别是一个综合性的技术应用，它融合了信号处理、模式识别、机器学习、数值分析、自然语言处理、高性能计算等多个基础学科的研究成果，是一个典型的跨领域、跨学科的应用型研究领域。

2. 语音合成

语音合成，也称为文本到语音转换（text-to-speech，TTS），其功能是将文本信息实时转换为语音输出。人类在发声前，会经历一段大脑的高级神经活动，首先形成说话的意图，然后根据这一意图组织语句，最终通过发音器官输出语音。

语音合成的过程首先涉及将文本序列转换成音韵序列，然后系统根据这一音韵序列生成相应的语音波形。在这一过程中，第一步包括语言学处理，如分词、字音转换等，以及应用一套有效的韵律控制规则；第二步则依赖于语音合成技术，以实时合成符合要求的高质量语音流。因此，文本到语音转换包括了一个从文字序列到音素序列的复杂转换过程。

3. 语音处理

语音处理即语音形式的自然语言理解与语音形式的自然语言生成。

（1）语音形式的自然语言理解。

语音形式的自然语言理解又称语音理解，它是由语音到计算机中知识模型的转换过程。这个过程实际上是由语音识别与文本理解两部分组成的。

①用语音识别将语音转换成文本。

②用文本理解将文本转换成计算机中的知识模型。

经过这两个步骤之后，就可完成从语音到计算机中知识模型的转换过程。

（2）语音形式的自然语言生成。

语音形式的自然语言生成又称语音自然语言生成，它是由计算机中的知识模型到语音的转换过程。这个过程实际上是由文本生成与语音合成两部分组成的。

①用语音生成将计算机中的知识模型转换成文本。

②用文本合成将文本转换成语音。

经过这两个步骤之后,就可完成从计算机中的知识模型到语音的转换过程。

(四) 主要应用实例

自然语言处理应用很多,知名的如机器翻译、人机交互、机器人等领域应用,其范围已进入工业、家电、通信、汽车电子、医疗、家庭服务、消费电子产品等各个方面。

1. 自然语言人机交互界面

(1) 计算机应用系统与融媒体接口平台。

传统的计算机应用系统,通常包含数据库或知识库,并配备了以 HTML 编写的固定格式人机交互界面。然而,这种界面因内容固定、形式单一、操作复杂而难以满足用户对系统多方面、多层次、多形式的需求。为了解决这一问题,融媒体接口平台应运而生,它通过融合多种媒体和交互方式,为计算机应用系统提供了更为方便、灵活和实用的界面。

(2) 融媒体接口平台介绍。

融媒体接口平台由以下 3 部分组成。

第一,多种通信方式,包括传统的电话、传真,以及现代网络通信方式,如电子邮件、微博、微信、QQ 和 App 等。

第二,多种媒体方式,涵盖固定参数方式、数字方式、自然语言文字方式、自然语言语音方式及图像方式等。

第三,统一接口,融媒体接口平台作为一个独立的软件,能够与任何计算机应用系统进行接口。该平台包含一个统一接口模块,通过标准化的操作方式与任意计算机应用系统相连接。一旦完成接口整合,计算机应用系统便能够利用该平台建立高效的人机交互界面,尤其是支持使用自然语言文字和自然语言语音与系统进行交流。

(3) 融媒体接口平台中自然语言文字方式与语音方式的实现。

由于目前融媒体接口平台中最为方便与有效的方式是自然语言文字方式及语音

方式。

自然语言文字方式的实现是通过自然语言理解与自然语言生成而实现的。自然语言文字方式实现的原理是：通过自然语言理解将用户查询文本转换成计算机中的知识模型，以此为依据转换成数据库中的查询语句，同时获得查询结果。以查询结果为准构造自然语言生成中的知识模型，通过自然语言生成转换成查询结果文本输出。

自然语言语音方式的实现基于自然语言理解（NLU）和自然语言生成（NLG）技术。其工作原理是：首先，通过自然语言理解技术将用户的查询文本转换为计算机可理解的知识模型；其次，依据该模型转换成数据库能够执行的查询语句，并获取查询结果；最后，以查询结果为基础，构建自然语言生成中的知识模型，并通过自然语言生成技术将结果转换为用户可读的文本输出。

2. 自动文摘

利用自然语言理解技术，可以从海量文本中提取关键信息，以便于文档的检索和查找，这一过程称为自动文摘。

自动文摘目前常用的方法包括基于理解的自动文摘，其核心原理是通过自然语言理解技术来获取文本的语法结构、语义内容、语用功能及语境信息。在充分理解文本的基础上，系统进行知识推理，以识别和提取关键信息。随后，对这些信息进行适当的整理和归并，形成文摘，并最终生成文本的摘要。

自动文摘的操作原则遵循从微观到宏观的顺序，即从句子到段落、节、章直至整篇文章。

自动文摘的步骤通常包括：首先对文本进行语法分析，然后进行词法分析，接着是语义分析等自然语言理解过程，最终构建出文本的知识模型。基于这一模型，系统进行知识推理和文摘生成，从而得到文本的摘要。

自动文摘在图书管理、情报检索、资料整理等多个领域有着广泛的应用，并且在现代网络信息检索中也展现出巨大的实用价值。目前，市场上存在多种自动文摘工具，其中IBM公司的沃森系统便是一个著名的例子。

第三节 人工智能应用系统分析

一、专家系统

（一）专家系统的构成

（1）知识获取接口。

在专家系统中，知识库中的知识通常由知识工程师采集和处理得到。这些工程师负责从专家那里获取知识，经过分析、处理并总结成可存储的形式。传统上，原始知识的获取主要依赖于这种人工方法。然而，在现代专家系统中，知识的获取可以通过机器学习、大数据等自动化方法来实现。获取知识后，需要一个接口将这些知识输入知识库中，这个接口即被称为知识获取接口。知识库一旦被充实，就能在专家系统中发挥其作用。

（2）推理引擎。

在专家系统中，知识构成了系统的基础，但仅有知识并不够，系统还需要对这些知识进行推理，以便得出所需的结论。例如，在疾病诊治专家系统中，除了包含诊断和治疗的知识外，还需要运用专家的思维方式进行推理，从而得出正确的诊断结果和治疗方案。在专家系统中，负责实现这一推理功能的软件被称为推理引擎，它是一种演绎性的自动推理软件，其具体实现可能会因知识表示方法的不同而有所差异。

（3）系统输入/输出接口。

专家系统旨在服务用户，因此必须具备一个系统与用户之间的输入/输出接口，以建立系统与用户之间的联系。输入接口允许用户的需求以特定形式进入系统，而输出接口则负责将专家系统根据这些需求进行推理后的结果以特定形式反馈给用户。此外，系统输入/输出接口还应包含一个人机交互界面，以便于用户与系统之间的交互。

(4)应用程序。

专家系统还需要一个应用程序来协调输入/输出接口、知识库、推理引擎之间的关系,并监督推理引擎的运行。在传统的专家系统中,由于流程相对简单,对监督的需求较少,因此有时可以省略应用程序。但在现代专家系统中,由于流程更为复杂,监督任务繁重,应用程序成为不可或缺的组成部分。

(二)专家系统的开发

1. 专家系统的开发人员

由于专家系统是一个人工智能应用,同时它又是一个计算机应用系统,因此在专家系统开发中需要以下两方面人员参与。

(1)人工智能专家系统专业人员,具体来说就是知识工程师。

(2)计算机应用系统开发人员,具体来说就是系统及软件分析员、编码员、测试员及运行维护员等。

只有这两部分人员的分工合作才能完成专家系统的开发。

2. 专家系统的开发工具

目前用于专家系统的开发工具一般分为以下两种。

(1)计算机程序设计语言开发。

专家系统的开发可以通过多种计算机程序设计语言来实现。

第一,通用程序设计语言,包括 C、C++、C#、Java、Python 等,这些语言因其通用性和强大的功能,被广泛应用于专家系统的开发。

第二,专用程序设计语言,如 Lisp、Prolog、Clipper 等,这些语言专为特定类型的专家系统设计,提供了更高效的知识表示和处理能力。

第三,其他语言与工具,在开发大型和复杂的专家系统时,可能需要结合使用多种类型的计算机程序设计语言,以实现最佳的开发效果。

(2)专用开发工具开发。

专家系统的开发通常采用专用的专家系统开发工具,目前市场上有多种专家系统开发工具可供选择,一些早期的典型工具包括 EMYCIN、KAS、EXPERT 等。这些工具往往是基于已有的专家系统,通过抽取其知识库中的知识而形成的。与原始的专家系统相比,这些工具保留了基础框架,但将用户输入/输出接口中的人机界面从专用的转变为通用的。

例如,EMYCIN 是从诊断治疗细菌感染的专家系统中抽取知识库知识而开发的,它可以用于开发一般的医疗诊治系统。KAS 是基于地质专家系统 PROSPECTOR 的框架系统。而 EXPERT 则是从用于诊治青光眼的专家系统 CASENT 中抽取具体知识后形成的,专门用于医学诊治的开发工具。

使用专家系统开发工具,只需将特定领域的知识填充到知识库中,并编写相应的应用程序,即可利用现有的推理引擎,通过输入/输出接口构建一个新的专家系统。

目前,由于不同类型的专家系统和不同的知识表示方法,市场上存在多种专家系统开发工具。不同的知识表示方法需要不同的推理引擎和知识获取接口,同时,不同类型的专家系统可能需要不同的输入/输出接口。因此,在选择专家系统开发工具时,应根据系统类型和知识表示方法的不同来做出相应的选择。

3. 专家系统的开发步骤

专家系统的开发总体来说是一种计算机软件开发,因此一般需遵从软件工程开发原则,并适当变通。本书以常用的专家系统开发工具的方法以及人工获取知识的手段为前提,对开发步骤进行介绍。开发一个专家系统一般可分为下面 6 个步骤。

(1) 系统需求分析。

在进行系统需求分析时,需要完成以下 3 项关键工作。

第一,明确专家系统的目标,即确定系统的专业领域和应用类型。

第二,确定专家系统的知识来源,并决定所采用的知识表示方法。

第三,规划应用程序的工作流程。

需求分析完成后,应编写需求分析说明书,并将其作为正式文档保存。

(2) 系统设计。

需求分析完成后,进入系统设计阶段,在此阶段需要完成以下 3 项工作。

第一，基于专家系统的专业领域和知识表示方法，选择适当的开发工具。

第二，由知识工程师根据确定的知识来源，通过总结、整理和归纳，形成专家系统所需的知识体系。

第三，根据应用程序的工作流程，设计和组织软件程序模块。

系统设计阶段结束后，应编写系统设计说明书，并将其作为正式文档保存。

（3）系统平台设置。

根据系统设计的要求，设置系统平台，包括以下两个主要方面。

第一，系统硬件平台的搭建，如选择计算机平台、计算机网络平台等。

第二，系统软件平台的配置，包括计算机平台中的操作系统、开发工具和知识库工具等；计算机网络平台中的相应开发工具和知识库工具等。

系统平台设置完成后，应编写系统平台设置说明书，并将其作为正式文档保存。

（4）系统编码。

系统编码工作分为以下两个主要部分。

第一，知识编码，即按照开发工具提供的编码规范对知识进行编码，并通过知识获取接口将知识录入开发工具的知识库中。

第二，应用程序编码，即按照开发工具提供的编码规范对软件程序模块进行编码，并将编码后的模块集成到相应的应用程序中。

系统编码阶段完成后，应编写知识列表清单和源代码清单，并将其作为正式文档保存。

至此，一个具有实用价值的专家系统初步构建完成。

（5）系统测试。

对编码完成的专家系统进行测试，测试的主要内容是针对专家系统中的知识与应用程序进行的，包括以下两项。

第一，局部测试，包括对知识库中的知识进行测试以及对应用程序进行测试。

第二，全局测试，在做完局部测试后即进入全局测试，包括开发工具与应用程序以及安装有知识的知识库这三者间的联合测试。

在完成测试后需编写测试报告,作为文档保存。编码员需根据测试报告要求对专家系统进行调整与修改,使其能达到需求分析的要求。参与此步骤的开发人员应是测试员及编码员。

(6)系统运行与维护。

经过测试后的专家系统可以正式投入运行。在运行过程中还需不断对系统进行一定的维护,这种维护包括以下两方面。

第一,知识库的维护,对知识库进行增、删、改等不断维护。

第二,应用程序的维护,对应用程序进行不断调整与修改。

在运行过程中需每日填报运行记录,在每次维护后需填报维护记录作为文档保存。参与此步骤的开发人员应是知识工程师及运行维护员。

二、深度学习

(一)深度学习的实现方式

在机器学习领域,某些学习方法,如分类算法中的支持向量机(SVM)、单层感知器,以及仅含有一层隐藏层的多层感知器等,它们的分类学习能力是有限的。这些方法适用于特征数量较少、分类类型单一的情况,它们能够学习到数据中的简单、表层的模式,但难以捕捉到复杂、细致、深层次的模式。因此,这类学习方法被称为浅层学习。

浅层学习方法的一个典型应用是能够区分物体是否为人,但它们通常无法进一步区分不同的个体,例如在人脸识别任务中。由于这种学习能力的局限性,机器学习在一段时间内未能受到足够的重视,发展也相对缓慢。为了克服这些限制,研究者们开始探索能够学习复杂、细致、深层次知识的学习方法,即深度学习。理论上,深度学习可以通过以下两种方式实现。

(1)扩充浅层学习方法。

在浅层学习模型中,如单层感知器或单隐藏层的网络,可以通过增加隐藏层的数量来扩充模型的复杂度,从一层增加到两层、三层,甚至更多层。然而,在实践中,随着隐藏层的增加,模型中的权重参数数量也会大幅增加,这就需要更多的标记数据来进行训练。标记数据在现实世界中往往难以获得,且成本高昂。此外,过多的参数还可能导致过拟合现象,使得模型在未见过的样本上表现不佳,因此这种方法在实际应用中存在挑战。

(2)对浅层学习方法进行重大改造。

另一种方法是对浅层学习模型进行根本性的改造,目的是在不显著增加模型权重数量和标记数据量的前提下,提高模型的学习能力。这可以通过使用大量未标记的数据来实现,这些数据相对容易获得。这种方法既实用又可行,是深度学习研究的核心。

(二)深度学习的研究观点

对深度学习的研究起源于对人类大脑处理视觉和听觉信息的机制的模仿,深度学习的核心观点包括以下内容。

(1)特征提取与选择。在传统机器学习中,大量样本数据是分析的前提。然而,在图像处理、语音处理和文字识别等领域,获取大量样本可能非常困难。在这些情况下,数据通常以点阵形式存在,需要自动从点阵中提取特征值来代替样本,这是深度学习需要首先解决的关键问题。

(2)特征的分层提取。特征提取遵循由浅入深、由具体到抽象的逐层原则。例如,在摩托车图像识别中,原始的点阵图像本身不具备识别价值,只有通过逐步细化和抽象化处理,才能识别出把手、轮子等关键特征。

(3)特征的分块提取。特征提取还遵循由局部到全局的分块原则,将点阵数据划分为多个均匀的小方块,并以这些小方块为单位进行特征提取,最终将这些局部特征整合以形成对整体的识别。

(4)特征选择。随着特征提取的进行,需要对提取出的特征进行筛选。特征选择通常遵循由多到少、由粗到细的原则,筛选出最能代表问题本质的关键特征。

(5)特征提取可以通过非监督学习的方式实现,这种方式不依赖于带标签的数据。

（6）深度学习整个过程包括使用非监督学习进行特征提取与选择，以及使用带标签数据的监督学习完成分类。

（7）深度学习结合了非监督学习和监督学习，首先利用大量无标签数据进行特征提取与选择，然后使用少量有标签数据通过监督学习完成精确分类。

深度学习能够挖掘数据之间深层次的内在联系。作为一种先进的机器学习方法，深度学习通过监督学习对复杂的非线性网络结构进行训练，能够逼近复杂函数的参数，并从有限的带标签样本中学习到问题的本质。这种能力使得深度学习特别适合于对视觉和语音信息进行建模，从而在图像及视频的表达和理解方面表现出色。

三、卷积神经网络

（一）卷积神经网络的原理

在众多深度神经网络架构中，卷积神经网络（convolutional neural network，CNN）是应用最为广泛的类型之一，最初在手写字符图像识别中取得了显著的成功。2012年，更深层次的 AlexNet 网络的问世标志着 CNN 的进一步发展，此后 CNN 在多个领域得到广泛应用，并在许多问题上实现了性能的突破，取得了显著的成功。CNN 作为深度学习的一个分支，继承了深度学习的共有特性，并通过以下原理实现其功能。

（1）CNN 在功能上实现了特征学习与分类学习的能力。

（2）CNN 在结构上是一种多层的反向传播（back propagation，BP）神经网络，它主要由两部分组成：一部分是通过多个隐藏层实现特征学习；另一部分是通过一个或多个 BP 网络层完成分类学习。这两部分的结合构成了完整的 CNN。

（3）CNN 的特征学习能力是通过卷积层和池化层实现的，可以利用无标签数据进行训练。卷积层和池化层组成的多层结构通过连续的层级操作完成特征的提取和选择，其中卷积层负责提取特征，而池化层则负责特征选择。

（4）CNN 的卷积层结构采用了与传统 BP 神经网络中隐藏层相似的结构形式，而池化层则采用将图像的某一区域归纳为单一值的方法。

（5）CNN 通过局部感受野作为网络输入，形成由多个卷积核组成的卷积层，并最终将这些层组合成全连接层，类似于传统 BP 神经网络中的隐藏层。全连接层实现了从局部特征到全局信息的整合。

（6）CNN 由多个层次组成，包括输入层、卷积层、池化层、全连接层和输出层。

（7）在卷积层和池化层中可以使用无标签数据进行训练，而输入层、全连接层和输出层则构成了一个 BP 网络，需要使用有标签的数据进行训练。

（8）由多个层次构成的 CNN 从输入图像开始，通过多个卷积层和池化层，每一层都执行"去粗取精，去伪存真"的操作，生成比前一层更为精练且特征更显著的图像，称为特征图。卷积层的前几层通常捕捉图像的局部和细节信息，而后面的层则捕获更复杂、更抽象的特征。经过多层卷积层的处理，网络最终获得图像在不同尺度上的抽象表示。

CNN 的结构设计灵感来源于模仿人脑视觉皮层中细胞间的连接方式，人类大脑视觉皮层的分层结构使其观察事物的过程是从局部细节到全局概念的逐步抽象。因此，CNN 特别适合于计算机视觉和图像处理领域的应用。随着科学技术的不断进步，CNN 也被逐渐应用于声音、文本等其他领域的任务中。

（二）卷积神经网络的特征

（1）卷积神经网络（CNN）的一个显著特征是局部权值共享，这使得网络结构更加简洁，同时模仿了生物神经网络中神经元对局部感受野的响应特性。权值共享显著减少了模型的训练参数数量，提高了网络的适应性和泛化能力。

（2）CNN 能够直接从传感器获取原始数据，如图像的像素阵列，自动生成相应的特征值。这一能力减少了对手工特征工程的依赖，使得网络能够学习到数据中的复杂模式。

（3）在 CNN 中，特征提取和模式分类过程是并行的，这意味着在训练过程中可以同时完成这两个任务，提高了学习效率。

（4）CNN 训练中，可以使用大量易于获取的未标记数据来初始化网络权重，然后利用少量但成本较高的标记数据对网络进行微调。这种结合使用无标号数据和标记数据的策略，相比于仅依赖监督学习的方法，能够获得性能更优的模型。

（5）CNN 的网络结构特别适合处理图像、语音和文本数据，因此在图像识别、语音处理、文字分析、语言检测等领域有着广泛的应用。此外，CNN 的概念和架构也被扩展应用到其他类似的领域。

（三）卷积神经网络的训练

训练 CNN 的目的是寻找一个模型，通过学习样本，这个模型能够记忆足够多的输入与输出映射关系。CNN 的训练过程可分为前向传播和反向传播两个阶段。

1. 前向传播阶段

（1）将初始数据输入至卷积神经网络（CNN）中。

（2）数据在网络中逐层经历卷积、池化等操作，每一层计算得到的参数将作为下一层的输入，即第（n-1）层的输出会作为第 n 层的输入。

（3）经过连续的层级处理后，数据最终通过全连接层和输出层，以获得更加显著的特征表示。

2. 反向传播阶段

（1）计算网络最后一层的误差（偏差）和激活值。

（2）利用反向传播算法，将最后一层的误差（偏差）和激活值逐层向前传递，依据误差信号更新前一层神经元的权重。

（3）根据计算得到的误差进一步求出权重参数的梯度，然后据此调整卷积神经网络中的参数。

（4）重复步骤（3），直至网络误差收敛或达到预设的最大迭代次数。

卷积神经网络的学习过程实际上采用了"预训练+监督微调"的策略。在预训练阶段，采用逐层贪心训练的方法，对网络的每一层进行单独训练，使用的是大量无标签数据，这类数据相对容易获得。通过预训练，网络能够学习到对输入数据的有效特征表示。预训练之后，再利用少量的标注数据（通常获取成本较高）对网络的权重参数进行微调。这种自学习策略首先利用大量无标签数据学习得到各层的良好初始权重，然后通过有限的有标签数据对权重进行精细调整，以期获得更优秀的模型性能。相比仅使用监督学习的方法，采用这种策略通常能够获得更好的学习效果。

四、智能机器人

（一）机器人的特征与类别

1. 机器人的特征

机器人是人工智能的一种应用，是综合应用了人工智能中的多种技术，并且与现代机械化手段相结合而成的一种机电设备。从浅显的角度讲，机器人是一种在一定环境中具有独立自主行为的个体。它是有类人的功能，但不一定有类人的外貌的机电相结合的机器。机器人具有以下特征。

（1）类人的功能。

在探讨类人的功能时，首先需要了解其所指代的机器人特性。类人的功能意味着机器人具备了与人类相似的一系列功能。这些功能主要分为3个方面。

第一，人的智能功能。机器人可以像人一样控制、管理和协调自身的工作。同时，它们也能够进行演绎推理和归纳推理等思维活动，这体现了人工智能的核心能力。这种智能功能使得机器人能够独立地执行各种任务，并做出相应的决策。

第二，人的感知功能。机器人具备类似于人类的感知能力，包括视觉、听觉、触觉、嗅觉和味觉等方面。除此之外，它们还能够通过各种仪器和设备间接感知外部环境，例如监测血压、血糖、血脂，以及感知紫外线、红外线等。这些感知功能使得机器人能够更好地适应各种复杂的工作环境，并做出相应的反应。

第三，人的行动功能。机器人具备类似于人的自主动作能力，包括行走、操作和与外部物体交互等。这使得机器人能够实现各种预定的目标，执行各种动态活动功能，例如运输、装配、搬运等。

（2）不一定有类人的外貌。

对于机器人的外貌，不一定要求与人类完全相似。尽管当前一些机器人在外观上呈现出类人的形态，但并非所有机器人都需要如此。实际上，机器人的外貌往往与其功能密切相关。以消防灭火机器人为例，其主要功能是灭火，因此外部形式会重点加强与灭火相关的部分，而与灭火无关的外部形式则可省略。为了在火场自由行动，消防灭火机器人采用了履带式滚动装置替代人的双脚，同时使用可控的喷水装置取代人的双手，这样更为方便和适合完成任务。因此，机器人的外貌往往是由其所承担的功能决定的。

（3）机电相结合。

机器人是机械与电子设备相结合的产物，其中机械装置在整体中占据较大比例。这主要是因为机械装置与机器人的行动功能密切相关。例如，机械手中的精密机械装置能够灵活自由地转动，并能感知所取物件的重量、几何外形，精确定位将物件取走或放下。这些机械装置在操作时往往受到电子设备的控制，并相互协调完成任务。因此，机器人的行动功能实际上是机械与电子设备的有机结合。除了行动功能外，机器人的感知功能和外貌配置也需要机械与电子设备相结合的装置。例如，感知功能中所使用的传感器和感知设备，以及机器人人脸动态表情的表示，都需要精密的机械装置配合电子设备进行控制和协调。

（4）取代人类工作。

第一，机器人内置的计算机系统能够统一控制和协调其各个部件，使其能够高效完成各种任务。这种集成的智能系统不仅提高了生产效率，还提升了产品的质量，因为它们能够准确地执行指令，消除了人为因素可能带来的错误。

第二，机器人不受工作环境的影响，可以在危险或恶劣的环境下工作。与此同时，机器人也不受内在心理因素的影响，始终能够保持工作的正确性和精确度。这种稳定的工作表现使机器人成为处理重复性任务或处于高压环境下的理想选择。

第三，在感知和行动能力方面，机器人展现出了独特的优势。例如，在夜间黑暗环境下，人类无法像白天一样正常工作，但机器人却可以利用其红外线感知能力，在夜间实现与白天相似的工作效率。这种超越人类的能力，使得机器人在特定领域具有独特的竞争优势。

2. 机器人的类别

机器人的分类主要基于其智能能力的不同。从发展历史看，早期的机器人主要是固定程式的，其计算处理能力有限，无法进行推理与归纳等智能处理，因此被称为弱智能机器人。这类机器人主要应用于工业领域，被称为工业机器人，其在生产线上的运用十分广泛，占据了工业领域绝大多数的比例。

与之相对，具有完整智能处理能力的机器人被称为智能机器人，又称为强智能机器人。这类机器人能够进行推理、归纳等复杂智能处理，具备更高层次的智能表现。智能机器人的出现使得机器人应用领域更加广泛，不仅局限于工业生产，还涵盖了服务机器人、医疗机器人等多个领域。

（二）人工智能技术在机器人中的运用

人工智能技术的应用提高了机器人的智能化程度，同时智能机器人的研究又促进了人工智能理论和技术的发展。智能机器人是人工智能技术的综合试验场，可以全面地检验考查人工智能各个研究领域的技术发展状况。

1. 智能感知技术

随着机器人技术的不断演进，其执行的任务也日益复杂。在这一进程中，传感器技术扮演了关键角色，为机器人提供了必要的感知能力，从而使其变得更加智能化和精确。传感器，作为机器人获取信息的主要途径，类似于人类的"五官"，在机器人的视觉、触觉和听觉等感知模式中发挥着至关重要的作用。

（1）视觉在机器人中的应用。

人类获取信息的主要途径之一就是视觉，因此，为机器人配备视觉系统是非常自然的选择。通过视觉传感器获取环境图像，并通过视觉处理器进行分析和解释，机器人可以获得丰富的环境信息，进而辅助机器人完成各种任务。在机器人视觉系统中，三维物体经由摄像机转变为二维平面图像，然后通过图像处理输出该物体的图像。通常,机器人判断物体位置和形状需要距离信息和明暗信息,而色彩信息对此则相对次要。机器人视觉系统对光线的依赖性很大,需要良好的照明条件,以确保物体形成的图像清晰、检测信息充分,克服阴影、低反差、镜反射等问题。

机器人视觉的应用范围广泛。首先,视觉系统可以为机器人的动作控制提供重要的视觉反馈,帮助机器人实时感知环境变化,并做出相应的动作调整。其次,对于移动式机器人而言,视觉导航是至关重要的,它可以帮助机器人在未知环境中进行定位和路径规划,实现自主导航。此外,视觉系统还可以代替或协助人工进行质量控制和安全检查,通过视觉检验来检测产品质量或发现潜在的安全隐患,提高生产效率和工作安全性。

(2)触觉在机器人中的应用。

人类的皮肤触觉感受器能够感知机械刺激产生的触觉,这种触觉对于人类与外界环境的直接接触至关重要。在人体皮肤表面,分布着大小不一、分布不规则的触点,其中指腹的触觉最为灵敏。触觉传感器是机器人中模仿触觉功能的关键传感器之一,其主要包括接触觉、压力觉、滑觉、接近觉和温度觉等。然而,触觉传感器发送的信息十分复杂,且在过去的研究中,加入传感器并不能直接提高机械手的抓取能力。

近年来,随着传感技术、控制技术和人工智能技术的不断发展,科研人员开始着手研究如何利用现代技术来优化触觉传感器在机器人中的应用。其中,一个关键的研究方向是如何利用机器学习算法来处理触觉传感器所采集的信息。通过将触觉数据进行聚类、分类等监督或无监督学习算法的处理,可以实现对抓取物体的检测与识别,以及对灵巧手抓取稳定性的分析。这一方法能够将未经处理的低级数据转化为高级信息,从而提高机器人的抓取和控制能力。

(3)听觉在机器人中的应用。

人的耳朵是重要的感觉器官,声波叩击耳膜,刺激听觉神经的冲动,之后传给大脑的听觉区形成人的听觉。

机器人通过听觉传感器捕捉声波,将其转化为可读的振动图像,尽管它们并不具备测量噪声强度的能力,但这种传感器在捕捉声音波形方面却发挥着不可替代的作用。

听觉传感器的广泛应用,不仅体现在日常生活的方方面面,更是军事、医疗、工业等重要领域的得力助手。在领海和航天等特殊环境中,听觉传感器更是扮演着至关重要的角色。机器人借助听觉传感器,能够辨识声音的音调和响度,区分不同的声源,并判断声源的大致方位。更为重要的是,听觉传感器使得机器人能够与人类进行语音交流,实现"人-机"对话,这在自然语言处理和语音技术的发展中处于举足轻重的地位。

随着科学技术的不断进步,听觉传感器的性能也在不断提升。它们使得机器人在执行交互任务时更加得心应手,无论是在嘈杂的环境中识别特定的声音,还是在需要精确定位声源的场合,听觉传感器都展现出了其独特的作用。这种传感器的运用,不仅极大地拓展了机器人的应用范围,也为机器人的智能化发展提供了强有力的支持。在未来,随着科学技术的不断突破,听觉传感器必将在机器人的发展史上留下浓墨重彩的一笔。

2. 智能导航与规划

在信息科学、计算机技术、人工智能以及现代控制技术不断进步的今天,机器人的智能导航与规划成为解决其运行安全问题的关键途径。这不仅代表着机器人研究和开发领域的核心技术,也是确保机器人能够顺利完成各种服务和操作任务(如安保巡逻、物体抓取等)所不可或缺的条件。

以专家系统和机器学习的应用为例,机器人在导航与规划过程中的安全问题始终是智能机器人研究领域的一个重要课题。面对在特定限制条件下人为干预导致的机器人自动化程度不足等问题,减少人类在导航与规划过程中的参与,并逐步实现机器人避碰的自动化,是从根本上解决人为因素影响的有效途径。自 20 世纪 80 年代起,全球范围内在智能导航与规划技术的研究上取得了显著的进展。实现智能导航的核心在于实现自动避碰技术。

为了应对机器人的智能避碰问题,众多专家和学者从不同的学科领域出发,特别是结合了人工智能技术的最新进展，进行了深入的探索和研究。机器人的自动避碰系统主要由数据库、知识库、机器学习算法及推理机制等关键组件构成。这些组件相互协作，共同为机器人提供智能决策支持，从而在复杂多变的环境中实现安全、高效的导航与规划。通过这些技术的融合与应用，机器人能够在执行任务时有效避免障碍物，减少碰撞风险，确保运行的安全性和可靠性。

3. 智能控制与操作

机器人的智能控制与操作包括运动控制和操作过程中的自主操作与遥操作。随着传感技术及人工智能技术的发展，智能运动控制和智能操作已成为机器人控制与操作的主流。

（1）神经网络在智能运动控制中的应用。

神经网络在智能运动控制领域的应用日益广泛。目前，机器人的智能控制方法多种多样，包括定性反馈控制、模糊控制以及基于模型学习的稳定自适应控制等。而神经网络控制作为其中的一种方法，具有独特的优势，能够解决机器人复杂的系统控制问题。

第一，神经网络直接控制利用了神经网络的学习能力，通过离线训练得到机器人的动力学抽象方程，从而实现对机器人的控制。当系统出现偏差时，神经网络会输出一个符合实际机器人动力特性的控制信号，以实现对机器人的准确控制。

第二，神经网络自校正控制结构则通过神经网络作为参数估计器，实时估计机器人动力学参数，并将估计参数送到控制器，以实现对机器人的控制。由于该结构不需要对系统模型进行简化，且对系统参数的估计较为精确，因此能够显著提升控制性能。

第三，神经网络并联控制结构包括前馈型和反馈型两种。前馈型神经网络学习机器人的逆动力特性，并与常规控制器并行工作，以实现对机器人的控制。而反馈型并联控制则是在控制器实现控制的基础上，由神经网络根据要求和实际的动态差异产生校正力矩，使机器人达到期望的动态。这种结构能够使机器人在实际运动中更加准确和稳定。

（2）机器学习在机器人灵巧操作中的应用。

随着先进机械制造和人工智能技术的不断成熟，机器人研究的重点已经从传统的工业机器人转向了应用更为广泛、智能化程度更高的服务型机器人。在服务型机器人的研究与应用中，机械手臂系统完成各种灵巧操作的能力成为一个核心任务，近年来受到了学术界和工业界的广泛关注。研究的核心目标是使机器人能够在实际环境中自主智能地完成对目标物的抓取，并且在拿到物体后能够执行灵巧的操作任务。

在实现多指机械手的抓取规划方面，主要存在两种解决方案：一种是"分析法"，另一种是"经验法"。"分析法"侧重于建立手指与物体之间的接触模型，依据抓取稳定性的判据和手指关节的逆运动学原理，通过优化求解来确定手腕的抓取姿态。然而，由于抓取点搜索的盲目性和逆运动学求解的复杂性，这种方法在实际应用中面临诸多挑战。

相对而言，"经验法"在机器人操作规划中获得了更广泛的关注，并取得了显著的进展。"经验法"，也被称作数据驱动法，它利用机器学习技术，如支持向量机（SVM）等监督或无监督学习方法，对大量地抓取目标物的形状参数和灵巧手的抓取姿态参数进行学习训练。通过这种方式，可以构建出一个抓取规划模型，并将该模型泛化应用于新物体的操作。在实际操作过程中，机器人利用从数据中学习到的抓取特征，通过抓取规划模型进行分类或回归分析，以确定物体上合适的抓取部位和抓取姿态。随后，机械手臂借助视觉伺服等技术被引导至抓取点位置，完成对目标物的抓取操作。

近年来，深度学习在计算机视觉等领域取得了显著的突破，深度卷积神经网络（CNN）被广泛应用于从图像中学习抓取特征，且这一过程不依赖于专家知识。这种方法能够最大限度地利用图像信息，提高计算效率，满足机器人抓取操作对实时性的高要求。深度学习模型通过训练大量的图像数据，能够自动提取和学习图像中的关键特征，从而为机器人的灵巧操作提供强有力的支持。

此外，机器人灵巧操作的研究还包括了对机械手臂的力控制和触觉反馈的研究。

力控制技术使得机器人能够更加精细和准确地进行操作，而触觉反馈技术则为机器人提供了与环境交互时的触觉信息，增强了其对物体状态的感知能力。这些技术的结合使用，极大地提升了机器人在复杂环境中完成灵巧操作的能力。

在服务型机器人的未来发展中，机器学习将继续发挥其重要作用。通过不断地学习、优化和泛化，机器人的灵巧操作能力将得到进一步的提升，使其能够在更加多样化和不确定的环境中，完成更加复杂和精细的任务。这不仅将推动服务型机器人技术的进一步发展，也将为人类社会带来更加丰富和高效的服务体验。

第三章　大数据及其 Hadoop 生态系统

第一节　大数据的内涵与影响

一、大数据的内涵阐释

（一）大数据的特点

大数据在以下方面呈现出多种鲜明的特点。

（1）在数据量方面。

数据量的爆炸性增长使得人类面临着前所未有的信息浪潮，随着时间的推移，全球数据的总量已经超越了以往任何时期，而且这种增长势头愈发迅猛。每一个应用所需处理的数据量也在飞速增加，这意味着人们必须具备更高的数据处理能力来应对日益增长的数据洪流。

（2）在数据速率方面。

数据的传输速度大大加快，呈现出明显的流式特征。数据在不同时空中流动，使得数据处理和应用的时间窗口变得极为短暂。这就要求我们拥有更快速的数据处理和决策能力，否则就会错失宝贵的信息获取和利用时机。

（3）在数据复杂性方面。

数据种类繁多，编码方式、存储格式、应用特征等方面存在着多样性和差异性。结构化、半结构化、非结构化数据并存，而且非结构化数据的比例还在不断增加。这种多样性和复杂性给数据的处理和分析带来了极大的挑战，需要拥有更加灵活和多样化的数据处理技术和方法。

（4）在数据价值方面。

随着数据规模的增大，隐藏在数据中的知识和价值也越来越丰富。大数据的价值不仅体现在推动社会发展和科技进步方面,还表现为个性化、不完备化、价值稀疏、交叉复用等特征。然而,这些巨大的价值往往隐藏在数据的深处,需要我们具备更强的发现和利用价值的能力。

大数据所蕴含的信息和知识将为人类社会带来前所未有的重大价值。然而,与此同时,这些宝贵的价值往往被埋没在数据的海洋之中,表现出价值密度低、分布不规律、信息隐藏程度深、发现有用价值困难等特征。这些特点将为大数据的计算和应用带来前所未有的挑战和机遇,要求我们的数据计算系统具备更高的性能、实时性、分布式、易用性和可扩展性。

如果云计算是对传统 IT 架构的颠覆,那么大数据的分析应用则是对业务层面的升级。大数据将彻底改变企业之间的竞争模式,未来的企业将是数据化生存的企业。竞争的焦点将从资本、技术、商业模式转向对大数据的争夺,体现在数据规模、多样性以及基于数据构建新产品和商业模式能力上。当前,越来越多的传统企业已经认识到了云计算和大数据的价值,开始积极转型以适应数字化时代的要求。简单地解决云化的问题已经不能满足企业的需求,需要更多地深入挖掘数据的潜力,才能带来更大的价值。目前来看,越来越多的传统企业看到了云计算和大数据的价值,从传统的 IT 积极向 DT[①] 转型是当前一段时间的主流,简单地解决云化的问题,并不能给其带来更多价值。

(二)大数据的关联

数据在人类发展历程中扮演着重要角色,从古至今,人们始终在记录各种数据,尽管最初的保存介质是书本等,但难以进行深入的分析和加工。随着计算机和存储技术的飞速发展,以及数字化进程的加速,数据呈现出爆发式增长的趋势。这种趋势将随着物联网技术的不断发展而加速,进一步推动数据的爆发。

大数据已经成为人类当下最为宝贵的财富之一,因此如何合理有效地运用这些数据,发挥其应有的作用,成为大数据发展的重要课题。在早期,企业的数据相对

---

①DT 是数据处理技术(data technology)的英文缩写,它是以服务大众、激发生产力为主的技术。

简单,主要存储于关系型数据库中,因此大数据技术也较为简单,主要是从中获取统计数据或创建统一的 OLAP 数据仓库。然而,随着业务的发展,尤其是个性化推荐、广告投放等需求的出现,对更多数据的需求也越来越大。这时,除了数据库中的用户数据外,还需要引入日志数据等新的数据来源,以支撑更加复杂的应用场景。

随着移动互联网的迅速发展,以及基于 Native 技术的 App 大规模出现,传统的日志方式已经不能满足对移动用户行为数据的获取需求。因此,涌现了一批新的移动数据采集分析工具,通过内置的 SDK 可以统计 Native 上的用户行为数据。然而,这也带来了新的问题,比如如何将 PC 端和移动端的用户行为进行关联,以及如何建立统一的用户库等。

数据标准成为大数据发展的重要话题之一,良好的数据标准不仅可以解决企业内部数据关联的问题,还可以推动跨组织、跨企业的数据关联和共享。然而,目前能够建立和推广数据标准的公司和政府部门并不多,这也是大数据发展面临的挑战之一。

随着大数据发展到后期,企业已经不能仅仅依赖内部数据来满足需求。许多企业开始购买外部数据,以获得更加全面和精准的用户画像,从而用于精准营销等应用场景。因此,大数据的发展不仅需要不断完善技术和工具,还需要建立起良好的数据治理机制,推动数据标准化和共享,以实现大数据的最大化利用和价值释放。

(三)大数据的功能

如何把数据资源转化为解决方案,实现产品化,是人们特别关注的问题。大数据主要具有以下较为常用的功能。

(1)追踪。

追踪功能可以通过互联网和物联网不断记录的数据,形成真实的历史轨迹,包括消费者购买行为、位置信息等。追踪为许多大数据应用提供了重要的起点。

(2)识别。

识别功能通过对各种因素的全面追踪,实现对语音、图像、视频等内容的精准识别,丰富了可分析的内容,提高了结果的精准度。

（3）画像。

画像功能通过对同一主体不同数据源的追踪、识别、匹配，形成更立体的刻画和更全面的认识，为精准推送广告和产品、准确判断企业信用和风险提供了依据。

（4）预测。

预测功能基于历史轨迹、识别和画像，对未来趋势及可能出现的变化进行预测，为建立风险控制模型提供了重要依据。

（5）匹配。

匹配功能利用大数据的精准追踪和识别，更有效率地实现产品搭售和供需匹配，是共享经济等新商业模式的基础。

（6）优化。

优化功能通过各种算法对路线、资源等进行优化配置，提高了服务水平和内部效率，节约了公共资源，提升了公共服务能力。

当前许多看似复杂的应用，都可以归纳为以上几种类型。例如，大数据精准扶贫项目通过识别、画像实现对贫困户的精准筛选和界定，通过追踪、提示监控和评估扶贫资金、行为和效果，通过匹配、优化更好地发挥扶贫资源的作用。这些功能并非大数据所特有，但大数据技术的发展使得这些功能可以更加精准、快速、有效地实现。

（四）数据交易分析

在未来，数据将成为商业竞争最重要的资源。下一代的商业模式就是基于数据智能的全新模式，虽然才开始萌芽，才有几个有限的案例，但是其巨大的潜力已经被人们认识到。简单而言，大数据需要有大量能互相连接的数据（无论是自己的，还是购买、交换别人的），它们在一个大数据计算平台（或者能互通的各个数据节点上），有相同的数据标准能正确地关联（如 ETL、数据标准），通过大数据相关处理技术（如算法、引擎、机器学习），形成自动化、智能化的大数据产品或者业务，进而形成大数据采集、反馈的闭环，自动智能地指导人类活动、工业制造、社会发展等。但是，数据交易并没有这么简单，因为数据交易涉及以下问题。

（1）保护用户隐私信息问题。

对于那些非隐私性质的数据，如地理数据、气象数据等，它们的开放与交易对于社会的发展具有积极的意义。然而，一旦涉及用户的隐私信息，比如个人身份信息、健康数据等，就必须引起高度警惕。尽管一些数据交易平台提出了脱敏技术的应用，但这并不能完全解决隐私泄露的问题。因此，基于平台担保的"可用不可见"技术被一些厂商提出，这种技术使得数据的使用者可以在不暴露数据细节的情况下获得特定的结果，从而保护了用户的隐私。

（2）数据的所有者问题。

数据作为一种生产资料，其价值与日俱增。然而，当数据被交易或使用后，其归属权往往变得模糊不清。在数据交易中，确定数据的真正所有者以及使用后的归属权是至关重要的。同时，需要建立相应的机制，确保数据的购买者不会将数据转售，并明确数据加工后的所有者。

（3）数据使用的合法性问题。

在大数据营销领域，精准营销已成为主流。然而，对于利用用户个人信息进行营销，必须事先征得用户的同意。否则，将可能触犯相关法律法规，给用户隐私造成侵害。因此，在数据交易与使用中，必须遵循合法合规的原则，确保用户权益不受侵犯。

（五）数据渠道来源

万物互联、万物数据化之后，基于数据的个性化、智能化将是一次全新的革命，将给人类社会整体的生产力提升带来一次根本性的突破，实现从 0 到 1 的巨大变化。正是在这个意义上，这是一场商业模式的范式革命。商业的未来、知识的未来、文明的未来，本质上就是人的未来。而基于数据智能的智能商业，就是未来的起点。

关于数据来源，一般认为，互联网和物联网是产生和承载大数据的主要基础。互联网公司自然成为大数据的主要参与者，在搜索、社交、媒体、交易等核心领域积累并持续产生着海量数据。随着智能手机和平板电脑的普及，能够连接互联网的移动设备不断增加,这些设备上的应用程序可以追踪和记录大量事件,从搜索产品到个人信息资料的更新,数据无处不在。此外,非结构化数据也广泛存在于电子邮件、文档、图片、音频、视频等形式中,尤其是通过社交媒体产生的数据流。这些数据为文本分析提供了丰富的数据源,包括电子商务购物数据、交易行为数据以及网页点击流数据日志等。

物联网设备的普及使得数据采集变得更加便捷和广泛。从智能电表到工厂机器,各种设备每时每刻都在产生数据,数量也与日俱增。这些设备可以通过互联网络与其他节点通信,也可以自动向中央服务器传输数据,为数据分析提供了便利。机器和传感器数据是物联网产生的主要数据类型之一。

这两类数据资源作为大数据的重要组成部分,正在被广泛应用。例如,物联网数据可用于构建分析模型,实现连续监测和预测。在国外,已经涌现出了许多成功的案例。另外,一些企业也在业务中积累了大量数据,例如房地产交易数据、大宗商品价格、特定群体消费信息等。虽然严格来说,这些数据资源可能还不足以称之为大数据,但在商业应用中却是最容易获取和处理的资源之一,也是国内较为常见的应用资源之一。

对于某一个行业的大数据场景,一是要看这个应用场景是否真有数据支撑,数据资源是否可持续,来源渠道是否可控,数据安全和隐私保护方面是否有隐患;二是要看这个应用场景的数据资源质量如何,能否保障这个应用场景的实效。对于来自自身业务的数据资源,具有较好的可控性,数据质量一般也有保证,但数据覆盖范围可能有限,需要借助其他资源渠道;对于从互联网抓取的数据,技术能力是关键,既要有能力获得足够大的量,又要有能力筛选出有用的内容;对于从第三方获取的数据,需要特别关注数据交易的稳定性。数据从哪里来是分析大数据应用的起点,如果一个应用没有可靠的数据来源,再好、再高超的数据分析技术都是无本之木。许多应用并没有可靠的数据来源,或者数据来源不具备可持续性,只是借助大数据风口套取资金。

二、大数据的影响分析

（一）大数据对科学研究的影响

人类自古以来在科学研究上先后历经了实验、理论、计算和数据4种范式。

1. 实验科学

在科学研究的早期阶段，实验方法被广泛采用以解决科学问题。一个著名的例子是1590年伽利略在比萨斜塔进行的实验，他通过"两个铁球同时落地"的实验，推翻了亚里士多德关于"物体下落速度与重量成比例"的学说。

2. 理论科学

尽管实验科学是理解自然现象的重要手段，但其研究往往受限于当时的实验条件。随着科学的发展，人们开始运用代数学、几何学、物理学等理论工具，构建问题模型和解决方案。牛顿的三大运动定律构成了牛顿力学的完整体系，为经典力学奠定了基础，并对人类的生活和思想产生了深远的影响，极大地推动了社会的发展和进步。

3. 计算科学

1946年，世界上第一台通用计算机ENIAC的问世标志着人类进入了计算机时代，科学研究也迎来了以"计算"为核心的新纪元。计算科学在实际应用中主要用于通过计算机模拟和计算来解决科学问题。利用算法和程序，人们可以借助计算机的强大计算能力来解决各种复杂问题。计算机的高速运算能力、大容量存储、高精确度和可重复性等特点，使其成为科学研究的强有力工具，促进了社会的快速发展。

4. 数据密集型科学

随着数据量的不断增长，数据的价值日益凸显。物联网和云计算的发展进一步加速了这一转变，开启了大数据时代。在这一时代，计算机不仅能进行模拟仿真，还能进行数据分析和总结，从而形成新的理论。在大数据环境下，科学研究将以数据为中心，从数据中发现和解决问题，充分挖掘数据的潜力。

大数据被视为科学工作者的宝贵资源,它能够揭示未知的模式和有价值的信息,为生产和生活服务,并推动科技创新和社会进步。尽管第三种和第四种研究范式都依赖于计算机进行计算,但它们之间存在本质区别。在第三种范式中,研究通常从提出理论假设开始,然后收集数据进行验证;而在第四种范式中,研究则是从大量已知数据出发,通过计算揭示之前未知的理论。

(二)大数据对社会发展的影响

(1)大数据决策作为一种新的决策方式正逐渐崭露头角。

尽管在过去,数据仓库和商务智能工具已经被广泛运用于企业决策,但其基础是关系数据库,受到数据类型和数据量的限制。如今,随着大数据技术的发展,我们可以直接针对类型繁多、非结构化的海量数据进行决策分析,这成为一种备受追捧的全新决策方式。例如,在政府部门中,大数据技术可以被应用于舆情分析,从多种数据来源中综合分析信息,揭示隐性情报内容,为政府决策提供重要支持。

(2)大数据应用促进了信息技术与各行业的深度融合。

不同行业领域累积的大数据将加速推进与信息技术的深度融合,开拓行业发展的新方向。例如,在快递业中,大数据可以帮助选择最佳行车路径,从而降低运费成本;在投资领域,大数据可以协助选择最优的股票投资组合,实现收益最大化;在零售业中,大数据可以帮助有效定位目标客户群体,提升营销效率。总之,大数据的应用将带来社会生产和生活的巨大且深刻变化。

(3)大数据开发推动了新技术和新应用的不断涌现。

大数据的应用需求成为新技术开发的源泉,各种突破性的大数据技术将不断提出并得到广泛应用,数据的能量也将不断释放。例如,在汽车保险行业,随着车联网的发展,"汽车大数据"将深刻改变保险业的商业模式。通过获取客户车辆的相关细节信息,并利用事先构建的数学模型对客户等级进行更加细致的判定,保险公司可以提供更个性化的优惠方案,从而获得市场竞争优势,吸引更多客户。

（三）大数据对思维方式的影响

大数据时代最大的转变就是思维方式的 3 种转变：全样而非抽样、效率而非精确、相关而非因果。

1. 全样而非抽样

在大数据的浪潮中，数据分析的焦点已经从传统的精确性转向了效率。在以往的科学探索中，由于局限于抽样分析，研究者们不得不追求算法的极致精确，以确保即便微小的误差在扩展至整个数据集时，仍能保持在可控的范围内。然而，随着大数据时代的到来，全样本的分析成为可能，这使得误差放大的问题不复存在，从而允许研究者们将注意力更多地集中在算法的效率上。

在大数据的背景下，数据分析的效率变得至关重要。数据的实时性要求研究者们必须在短时间内处理和分析海量数据，以捕捉数据的即时价值。这种"秒级响应"的需求，促使数据分析的效率成为新的关注点。在这种情况下，算法的快速响应能力变得比精确性更为关键。研究者们不再单纯追求算法的完美无缺，而是寻求在保证一定准确度的前提下，尽可能提高数据处理的速度。此外，大数据时代的数据分析还强调了算法的可扩展性和适应性。

2. 效率而非精确

在科学探索的历程中，数据分析的方法论经历了显著的演变。在传统时代，由于资源和技术的限制，研究者们往往依赖于抽样分析来揭示数据的内在规律。这种方法虽然在资源有限的情况下具有一定的可行性，但它不可避免地带来了误差放大的风险。抽样分析的精确性成为研究者们追求的首要目标，因为只有精确的分析结果才能在推广到整体数据集时保持其可靠性。为了达到这一目标，他们不得不投入大量的时间和精力去优化算法，以减少误差，确保分析的准确性。

然而，随着大数据时代的到来，全样本分析成为可能。这种分析方式从根本上解决了误差放大的问题，因为它不再依赖于对部分样本的推测，而是直接对整个数据集进行分析。在这种新的分析模式下，追求极致的精确性不再是唯一的目标。相反，数据分析的效率变得尤为重要。大数据时代的数据分析需要具备快速响应的能力，能够在极短的时间内处理和分析海量的数据，以实时捕捉数据的动态变化和潜在价值。这种对效率的追求，并不意味着对精确性的完全放弃，而是在效率和精确性之间寻找一个平衡点，以适应大数据环境下的分析需求。

此外，大数据时代的数据分析还强调了算法的可扩展性和适应性。面对不断增长的数据量和日益复杂的数据类型，算法需要能够灵活地适应不同的分析场景，同时保持高效的数据处理能力。这种对效率的追求，反映了数据科学领域对于数据处理速度和实时性的新要求，同时也体现了在海量数据面前，如何快速捕捉和利用数据价值的新挑战。因此，研究者们在设计和优化算法时，更加注重其在大数据环境下的运行效率和稳定性，以满足实时分析的需求。

3. 相关而非因果

过去，数据分析的目的，一方面是解释事物背后的发展机制，比如，一个大型超市在某个地区的连锁店在某个时期内净利润下降很多，这就需要 IT 部门对相关销售数据进行详细分析找出发生问题的原因；另一方面是用于预测未来可能发生的事件。但是，在大数据时代，因果关系不再那么重要，人们转而追求"相关性"而非"因果性"。

（四）大数据对就业市场的影响

随着大数据时代的兴起，数据科学家成为备受追捧的热门人才，其所具备的广阔发展前景，更代表着未来行业发展的重要方向。

在大数据时代，互联网企业、零售业、金融行业等各个领域都在积极争夺大数据人才，因而数据科学家成为当下最紧缺的人才之一。大数据所包含的信息庞杂而丰富，其中不乏大量的非结构化数据。未来，随着科技的进步和商业需求的不断扩大，针对非结构化数据的分析将会成为市场上的新热点。

第二节 大数据平台的能力与架构

一、大数据平台的能力

实现对大数据的管理需要大数据技术的支撑,但仅仅使用单一的大数据技术实现大数据的存储、查询、计算等不利于日后的维护与扩展,因此构建一个统一的大数据平台至关重要。

(一)数据采集能力

在大数据领域,数据是核心资源,而拥有数据采集能力是获取这些资源的前提。数据来源多样,主要有如下几方面。

(1)公共数据。如社交媒体(微信、微博)、公共网站等互联网上公开的数据。

(2)企业应用程序的埋点数据。企业在开发软件时会嵌入记录用户行为的代码,如功能按钮点击、页面访问等。

(3)用户及交易数据。软件系统本身在用户注册和交易过程中产生的数据。

(二)数据处理与计算能力

在完成数据的采集并存储之后,接下来的任务是决定如何有效利用这些数据。根据具体的业务需求,对数据进行相应的处理,不同的处理方法对应不同的计算需求。例如,在数据量庞大而对实时性要求不高的场景中,可以采用离线批处理的方式;而在对实时性要求较高的场景中,则需要依赖分布式实时计算技术来满足需求。因此,大数据平台必须具备灵活的数据处理和强大的计算能力。

(三)数据分析能力

数据处理完成后,可以根据不同的业务场景对数据进行深入分析。例如,可以应用机器学习算法对数据进行训练,进而进行预测和预警;此外,还可以通过多维分析方法对数据进行深入分析,以辅助企业做出更加科学的决策。因此,大数据平台应具备强大的数据分析能力。

(四)数据存储能力

大数据平台在采集数据后,面临的下一个挑战是如何有效存储这些海量数据。不同的业务场景和应用类型对存储需求有不同的要求。

(1)数据仓库。通常用于联机分析处理(OLAP),倾向于采用关系型数据模型。

(2)实时数据计算和分布式计算场景。更适合使用非关系型数据模型。

(3)文档数据模型。适用于存储大量非结构化或半结构化数据。

大数据平台需要提供多样化的存储模型,以满足不同场景和需求。

(五)数据可视化与应用能力

数据分析的结果仅用数据的形式进行展示会显得单调且不够直观,因此需要对数据进行可视化处理,以提供更加清晰直观的展示形式。"随着大数据时代的到来,使用数据可视化技术,可以提高挖掘数据信息的效率以及增加决策的准确性。"[①] 对数据的一切操作最后还是要落到实际应用中去,只有应用到现实生活中才能体现数据真正的价值。因此大数据平台需要具备数据可视化并能进行实际应用的能力。

二、大数据平台的架构

随着数据量的爆炸式增长和大数据技术的迅猛发展,众多国内外知名互联网企业,都已经开始在大数据领域进行深入布局,并构建了自己的大数据平台架构。综合这些著名公司的大数据平台特点以及大数据平台应具备的能力可知,一个完整的大数据平台架构应包含数据来源层、数据采集层、数据存储层、数据处理层、数据分析层等。

(一)数据来源层

在大数据时代,数据的重要性不言而喻,它被视为企业的重要资产。互联网企业通过分析用户行为、了解用户偏好,能够更好地服务于用户,从而推动企业的持续发展。数据来源通常包括生产系统生成的数据、系统运维过程中产生的用户行为

---

①温丽梅,梁国豪,韦统边,等. 数据可视化研究[J]. 信息技术与信息化,2022(5):164-167.

数据、日志形式的活动数据以及事件信息等，例如电商系统的订单记录、网站的访问日志、移动用户的手机上网记录、物联网设备的行为轨迹监控记录等。

（二）数据采集层

数据采集是大数据价值挖掘的关键环节，后续的数据处理和分析工作都建立在这一基础上。大数据的来源复杂多样，数据格式多变，且数据量巨大。因此，大数据采集需要能够通过多个数据库接收来自客户端的数据，并将这些前端数据导入一个集中的大型分布式数据库或分布式存储集群中。在数据导入的同时，还可以进行一些基本的数据清洗工作。

数据采集过程中常用的工具包括 Kafka、Sqoop、Flume、Avro 等。Kafka 是一个分布式发布-订阅消息系统，主要用于处理高吞吐量的流式数据，起着活跃数据与离线处理系统之间的缓冲作用。Sqoop 主要用于 Hadoop 与传统关系型数据库之间的数据传输，它可以将关系型数据库中的数据导入 Hadoop 的存储系统，也可以将 HDFS 中的数据导出到关系型数据库中。Flume 是一个高可用、高可靠的分布式数据采集、聚合和传输系统，支持在日志系统中定制各类数据发送方，用于收集数据。Avro 是一个数据序列化框架，使用 JSON 定义数据类型和通信协议，采用压缩的二进制格式进行数据序列化，为持久化数据提供一种高效的序列化格式。

（三）数据存储层

在大数据时代，数据类型复杂多样，其中主要以半结构化和非结构化为主，传统的关系型数据库无法满足这种存储需求。因此针对大数据结构复杂多样的特点，可以根据每种数据的存储特点选择最合适的解决方案。对非结构化数据采用分布式文件系统进行存储，对结构松散无模式的半结构化数据采用列存储、键值存储或文档存储等 NoSQL 存储，对海量的结构化数据采用分布式关系型数据库存储。

文件存储有 HDFS 和 GFS 等。HDFS 是一个分布式文件系统，是 Hadoop 体系中数据存储管理的基础，GFS 是 Google 研发的一个适用于大规模数据存储的可拓展分布式文件系统。

NoSQL 存储有列存储 HBase、文档存储 MongoDB、图存储 Neo4j、键值存储 Redis 等。HBase 是一个高可靠、高性能、面向列、可伸缩的动态模式数据库。MongoDB 是一个可扩展、高性能、模式自由的文档性数据库。Neo4j 是一个高性能的图形数据库，它使用图相关的概念来描述数据模型，把数据保存为图中的节点以及节点之间的关系。Redis 是一个支持网络、基于内存、可选持久性的键值存储数据库。

关系型存储有 Oracle、MySQL 等传统数据库。Oracle 是甲骨文公司推出的一款关系数据库管理系统，拥有可移植性好、使用方便、功能强等优点。MySQL 是一种关系数据库管理系统，具有速度快、灵活性高等优点。

（四）数据处理层

计算模式的出现有力地推动了大数据技术和应用的发展，然而，现实世界中的大数据处理问题的模式复杂多样，难以有一种单一的计算模式能涵盖所有不同的大数据处理需求。因此，针对不同的场景需求和大数据处理的多样性，产生了适合大数据批处理的并行计算框架 Map Reduce，交互式计算框架 Tez，迭代式计算框架 GraphX、Hama，实时计算框架 Druid，流式计算框架 Storm、Spark Streaming 等以及为这些框架可实施的编程环境和不同种类计算的运行环境（大数据作业调度管理器 ZooKeeper，集群资源管理器 YARN 和 Mesos）。

Spark 是一个基于内存计算的开源集群计算系统，其优势在于能够加速数据处理过程。MapReduce 是一个分布式并行计算软件框架，专为大规模数据集的并行运算而设计。Tez 是一个构建在 YARN 之上的有向无环图（DAG）计算框架，它能够将多个相互依赖的作业合并为一个单一作业，显著提升 DAG 作业的执行性能。GraphX 是一个结合了图计算和数据并行计算的框架，它在 Spark 的基础上提供全面的数据处理解决方案，能够高效地完成复杂的数据处理流程。Hama 是一个基于 Bulk Synchronous Parallel（BSP）模型的分布式计算引擎。Druid 是一个实时大数据分析引擎，专门用于快速处理大规模数据集，并支持实时查询和分析。Storm 是一个分布式、高容错的开源流式计算系统，它为处理大量数据流提供了简化的机制。Spark Streaming 是建立在 Spark 之上的流数据处理框架，能够实现高吞吐量和具有容错能力的实时数据流处理。YARN 作为 Hadoop 的资源管理器，为上层应用提供统一的资源管理和调度功能。Mesos 是一个开源的集群管理器，负责在整个集群中分配和管理资源，支持对多集群资源的弹性管理。ZooKeeper 是一个分布式协调服务系统，基于简化的 Paxos 协议实现，为分布式应用提供高效且可靠的一致性服务。

（五）数据分析层

数据分析是指通过一系列方法和技巧，对收集的数据进行深入探索和分析，以揭示其中的因果关系、内部联系和业务规律，从而为决策提供可靠的参考依据。构建高性能的数据分析系统是实现数据价值化的关键目标。

在实际应用中，常用的数据分析工具包括 Hive、Pig、Impala 和 Kylin 等，而在算法库方面则有 MLlib 和 SparkR 等。Hive 作为一个数据仓库基础设施，主要负责数据的提取、转换和加载（ETL），为数据分析提供基础支持。Pig 是一种用于大规模数据集的分析工具，能够将复杂的数据分析任务转换为一系列经过优化的 MapReduce 作业，从而提高数据处理效率。Impala 是由 Cloudera 公司开发的大规模并行处理（MPP）系统，支持使用标准 SQL 查询存储在 Hadoop 集群中的数据，为数据分析提供了更灵活和高效的手段。Kylin 是一个开源的分布式分析引擎，提供 SQL 查询接口和多维数据分析能力，支持对超大规模数据集的分析，为数据分析提供了强有力的支持。在算法库方面，MLlib 是 Apache Spark 计算框架中的一个机器学习库，提供了丰富的机器学习算法，增强了数据分析的深度。SparkR 是一个 R 语言包，为使用 Apache Spark 进行数据分析提供了一种简洁高效的方法，使得在 R 语言环境中进行数据分析变得更加方便。

第三节　大数据 Hadoop 生态系统

一、Hadoop 生态系统的主要内容

Hadoop 生态系统主要包括 Hive、HBase、Pig、Sqoop、Flume、ZooKeeper、Mahout、Storm、Spark、Shark、Phoenix、Tez、Ambari。各项目的基本情况如下。

（1）Hive。

Hive 作为一个数据仓库系统，为用户提供了类似于 SQL 的查询语言，使得对存储在 Hadoop 文件系统中的大数据进行方便的查询和分析成为可能。

（2）HBase。

HBase 作为一种可伸缩的大数据存储库，支持实时读/写访问，为海量数据的存储和检索提供了高效的解决方案。

（3）Pig。

Pig 提供了一个高级语言和基础设施，用于表达和评估数据分析程序，使得数据分析过程更加灵活和高效。

（4）Sqoop。

Sqoop 主要功能在于将数据高效地在关系型数据库和 Hadoop 之间进行双向传输。通过自动生成 MapReduce 任务，Sqoop 能够将数据库中的大量数据导入 Hadoop 分布式文件系统（HDFS）中，或者将 HDFS 中的数据导出到关系型数据库。

（5）Flume。

Flume 是一个专门用于日志数据的收集、汇总和移动的分布式服务。其设计初衷是解决大量分散式日志数据的实时收集和传输问题。Flume 通过其可扩展的架构，支持从各种数据源采集日志数据，并将其传输到集中存储系统，如 HDFS 或 HBase。

（6）ZooKeeper。

ZooKeeper 作为一个集中服务，用于维护配置信息、提供分布式同步和分组服务，为分布式系统的管理和协调提供了支持。

（7）Mahout。

Mahout 是一个基于 Hadoop 的机器学习和数据挖掘框架，为大规模数据的机器学习提供了强大的工具和算法支持。

（8）Storm。

Storm 是一个用于大规模数据分析和实时计算的框架，提供了高性能和容错的分布式计算能力，使得对大数据进行快速处理成为可能。

(9) Spark。

Spark 是一个大数据处理框架,专注于快速计算和大规模数据分析。它通过内存计算的方式,大幅提升了数据处理速度,并且支持批处理和实时流处理,提供了强大的容错能力和丰富的编程接口,使得开发者可以方便地构建复杂的数据处理应用。

(10) Shark。

Shark 作为一个专为 Spark 打造的数据仓库系统,提供了与 Hive 的无缝集成和更高效的查询性能。

(11) Phoenix。

Phoenix 是一个构建在 HBase 之上的 SQL 中间层,为 HBase 提供了更加方便和高效的查询接口。

(12) Tez。

Tez 作为一个基于 HadoopYARN 的 DAG 计算框架,将 Map/Reduce 过程拆分为多个子过程,同时减少了 Map/Reduce 之间的文件存储,提高了任务的运行效率。

(13) Ambari。

Ambari 用于提供、管理和监控 Hadoop 集群。它通过直观的用户界面简化了 Hadoop 集群的操作和管理,提供了集群健康状况的实时监控、预警和性能优化建议。

二、Hadoop 生态系统的应用领域

Hadoop 是一个开源的分布式计算框架,最初由 Apache 软件基金会开发,旨在处理大规模的数据集。Hadoop 在许多不同的应用领域都发挥着重要作用,帮助组织处理和分析大规模的数据,从而实现更好的业务决策、更高效的资源利用以及更好的客户体验。

(1) 大数据分析。

Hadoop 最初就是为了应对大规模数据集的分析和处理而创建的。它通过将数据分割成小块,然后在集群中分布式地处理这些块,从而实现高效的大数据分析。在大数据领域,Hadoop 与 Hive、Pig、Spark 等工具一起使用,帮助企业从海量数据中

提取有用的信息和洞察力。

（2）数据仓库。

许多企业使用 Hadoop 构建数据仓库，用于存储和管理结构化和非结构化数据。Hadoop 的 Hive 和 HBase 组件可用于查询和存储数据，使企业能够更轻松地存储、管理和访问数据。这些数据仓库可用于支持业务智能和数据分析。

（3）金融领域。

在金融领域，Hadoop 被广泛用于风险管理、欺诈检测、交易分析和客户洞察。银行和金融机构可以使用 Hadoop 处理大量的交易数据，以识别潜在的风险和机会，同时改善客户体验。

（4）医疗保健。

医疗保健行业利用 Hadoop 来存储和分析医疗记录、患者数据和临床试验数据。这有助于改进患者护理、疾病预测和药物研发。Hadoop 还用于基因组学研究和生物信息学分析。

（5）零售和电子商务。

零售业和电子商务企业使用 Hadoop 来分析消费者行为、库存管理、定价策略和市场趋势。这使它们能够更好地满足客户需求、提高供应链效率，并做出更明智的业务决策。

（6）互联网和社交媒体。

互联网公司和社交媒体平台使用 Hadoop 来分析用户生成的数据，例如网站访问日志、社交媒体帖子和用户评论。这有助于改进用户体验、个性化推荐和广告定位。

（7）物联网（IoT）。

IoT 设备生成大量数据，Hadoop 可以用于处理和分析这些数据，以监控设备状态、执行远程维护和预测故障。这在智能城市、工业自动化和智能家居等领域有广泛应用。

（8）能源领域。

能源公司使用 Hadoop 来分析能源生产和消耗数据，以优化能源供应链和资源管理。它还有助于监测和预测能源需求，以更有效地提供能源。

第四章　大数据实时处理框架与技术研究

第一节　大数据实时处理框架

目前的大数据处理系统主要分为两类：批处理系统和流处理系统。批处理系统，如以 Hadoop 为代表，需要将数据聚合成批后，进行批量预处理，再加载至分析型数据仓库中进行高性能实时查询。尽管这种系统能够高效查询完整的大数据集，但无法及时查询到最新的实时数据，存在数据滞后等问题。相比之下，流处理系统，如 Spark Streaming、Storm、Flink 等，可以将实时数据通过流处理逐条加载至高性能内存数据库中，并进行查询。这类系统能够高效地对最新实时数据进行预设分析处理模型的查询，数据滞后性较低。在工业界，一些对实时性要求较高且数据量很大的系统，如大数据背景下的订单支付等，迫切需要这些高性能流处理系统来支持业务。

一、实时处理架构

实时处理是针对海量数据进行的，一般要求为秒级，主要应用在数据源实时不间断、数据量大且无法预算的场景下。各处理逻辑的分布、消息的分发以及消息分发的可靠性对于应用开发者来说是透明的。对于运维而言，平台需要是可监控的。

（一）数据实时收集与计算

实时处理的相关技术主要应用在数据存在的两个阶段：数据的产生与收集阶段、数据的传输与分析处理阶段。针对数据存在的各个阶段，产生了相应的数据处理方法。

（1）数据实时收集。

在数据收集过程中，功能上需要保证可以完整地收集到来自系统日志、网络、数据库的数据，为实时服务提供实时数据；相应时间上要根据具体业务场景保证时效性、低延迟；配置部署上要简单；系统要稳定可靠。目前满足此阶段需求的产品有 Facebook 的 Scribe、LinkedIn 的 Kafka、Cloudera 的 Flum 等，它们都可以满足每秒数百兆字节的数据采集和传输需求。

（2）数据实时计算。

在数据实时计算过程中，需要在流数据不断变化的运动过程中进行实时分析，得到针对用户有价值的信息，并把运算结果发送出去。该阶段的主流产品有 Twitter 的 Storm、Facebook 的 Puma 等。

（二）数据批量和流式计算

批量和流式的主要区别在于数据处理单位、数据源和任务类型。

（1）数据处理单位。

批量计算每次处理完一定的数据块后，才将处理好的中间数据发送给下一个处理节点。流式计算则以比数据块更小的记录为单位，处理节点处理完一个记录后，立刻将其发送给下一个节点。若对一些固定大小的数据做统计，那么采用批量计算和流式计算的效果基本相同，但是流式计算的一个优势在于可以实时得到计算中的结果，这对某些实时性较强的应用很有帮助，比如统计每分钟对某个服务的请求次数。

（2）数据源。

批量计算通常处理的是有限数据，数据源一般采用文件系统，而流式计算通常处理无限数据，一般采用消息队列作为数据源。

（3）任务类型。

批量计算中的每个任务都是短任务，任务在处理完其负责的数据后关闭，而流式计算往往是长任务，每个任务都一直运行，持续接收数据源传过来的数据。

通常认为，离线和实时指的是数据处理的延迟，批量和流式指的是数据处理的方式。Map Reduce 是离线批量计算的代表，但是离线不等于批量，实时也不等于流式。假设一种极端情况：一个非常强大的硬件系统，可以毫秒级的时间处理太字节级别的数据，当数据量在太字节级别以下时，批量计算也可以毫秒级的时间得到计算结果,此时无法称之为离线计算。

二、Storm 框架

Storm 是由 Twitter 开源的分布式、高容错的实时处理系统,它的出现令持续不断的流计算变得容易,弥补了 Hadoop 批处理所不能满足的实时要求。Storm 支持实时处理和更新、持续并行化查询,满足大量场景;Storm 具有健壮性,集群易管理,可轮流重启节点,还具有良好的容错性和可扩展性,以及确保数据至少被处理一次等特性。

Hadoop 和 Storm 是典型的批处理与流处理的对比。如果说批处理的 Hadoop 需要一桶一桶地搬走水,那么流处理的 Storm 就好比自来水水管,只要预先接好水管,然后打开水龙头,水就顺着水管源源不断地流出来,即消息会被实时处理。

(一) Storm 的相关术语

Storm 包含以下相关术语。

(1) Topology:拓扑。

Topology 是对实时计算应用逻辑的封装,它的作用与 Map Reduce 中的 Job 很相似。区别在于 Job 得到结果之后总会结束,而拓扑会一直在集群中运行,直到用户手动去终止它。Topology 可以理解为由一系列通过数据流(stream grouping)相互关联的 Spout 和 Bolt 组成的拓扑结构。Spout 和 Bolt 称为拓扑的组件(component)。

(2) Tuple:消息。

Tuple 是 Storm 中的主要数据结构,它是有序元素的列表,这里的元素可以是任何类型的。

(3) Spout。

Storm 中的数据源,用于为 Topology 生产消息(tuple)。一般从外部数据源(如消息队列、普通关系型数据库、非关系型数据库等)流式读取数据并给 Topology 发送消息。

（4）Bolt。

Storm 中的消息处理者，用于处理 Topology 中的消息。通过数据过滤（filtering）、函数处理（functions）、聚合（aggregations）、联结（joins）、数据库交互等功能，Bolt 几乎能够完成任何一种数据处理需求。

（5）Stream：数据流。

一个数据流指的是在分布式环境中并行创建、处理的一组消息的无界序列。数据流由多个消息构成。

（6）Stream Grouping：数据流分组。

数据流分组定义了在 Bolt 的不同任务中划分数据流的方式。在 Storm 中有 8 种内置的数据流分组方式，还可以通过 Custom Stream Grouping 接口实现自定义的数据流分组模型。

（7）Task：任务。

在 Storm 集群中每个 Spout 和 Bolt 都由若干个任务（Tasks）来执行，每个任务都与一个执行线程对应。数据流分组可以决定如何由一组任务向另一组任务发送消息。

（8）Worker：工作进程。

拓扑是在一个或多个工作进程中运行的。每个工作进程都是一个实际的 JVM 进程，并且执行拓扑的一个子集。Storm 会在所有的 Worker 中分散任务，以实现集群的负载均衡。

一个完整的 Topology 由 Spout、Stream 和 Bolt 组成。Spout 从外部接收流式数据，将各种类型的数据转化成元组类型并形成 Streams，进而由 Bolt 开启工作进程，处理数据。处理后的数据输出到数据库进行持久化存储，或者输出到外部进行数据的下一步处理。

（二）Storm 的特性与运行

Storm 作为一种实时处理系统，在众多实时处理应用中具有突出的特点，具体如下。

（1）简化编程。

实时处理往往是一项复杂的任务，但使用 Storm 可以大大降低这种复杂性，使得实时处理变得更加简单。

（2）容错性。

Storm 集群会监控工作节点的状态，一旦发现节点死机，会重新分配任务，保证任务的顺利执行。

（3）可扩展性。

只需增加机器即可扩展集群，Storm 会自动将任务分配给新机器，使得集群的性能得到有效提升。

（4）可靠性。

所有消息都会被至少处理一次，即使出现错误，消息也不会丢失，从而保证了数据的完整性。

（5）高效性。

实现高效的数据处理，满足实时处理的需求。

在 Storm 工作集群中，包含主控节点和工作节点。主控节点运行 Nimbus 进程，负责分发代码、分配任务和监控集群状态。工作节点运行 Supervisor 进程，负责执行任务的工作进程。一个 Topology 由分布在不同工作节点上的多个工作进程组成。

Storm 工作集群需要集成 ZooKeeper，用于实现 Nimbus 和 Supervisor 节点之间的协调工作。此外，Nimbus 和 Supervisor 进程都是快速失败和无状态的，因为 Storm 在 ZooKeeper 或本地磁盘上维持所有的集群状态，使得系统具有更好的健壮性和可靠性。

三、Flink 框架

Flink 是分布式、高性能、随时可用以及准确的流处理应用程序打造的开源流处理框架。Flink 不仅能提供同时支持高吞吐和 exactly-once 语义的实时计算，还能提供批量数据处理，是一种少有的既可以完成流处理，又可以完成批处理的计算框架。

这也是 Flink 框架的一个最主要的特点。其中，exactly-once 语义是指发送到消息系统的消息只能被消费端处理且仅处理一次，即使生产端重试消息发送导致某消息重复投递，该消息在消费端也只被消费一次。

（一）Flink 的架构

Flink 在运行中主要由 3 个组件构成：Client、JobManager 和 TaskManager。Client 用来提交任务给 JobManager，JobManager 分发任务给 TaskManager 去执行，然后 TaskManager 会以心跳的方式汇报任务状态。这个模式与 Hadoop 的 JobTracker 和 TaskTracker 之间的关系类似。但是最重要的也是区分 Flink 的一点在于 TaskManager 之间是以流的形式进行中间结果的交换的。

（二）Flink 中的 Client

Client 是 Flink 程序和 JobManager 交互的桥梁，主要负责接收、解析、优化程序的执行计划，然后提交执行计划到 JobManager。Flink 中主要有 3 类 Operator。

（1）Source Operator。

Source Operator 用于数据的获取，常见于程序的起始位置，可以是文件、Socket、Kafka 等数据来源。

（2）Transformation Operator。

Transformation Operator 负责对数据进行转换，包括 map、flatMap、reduce 等算子。

（3）Sink Operator。

Sink Operator 用于数据的下沉和存储，通常位于作业的最后，用于将数据存储到 HDFS、MySQL、Kafka 等数据存储系统中。

Flink 会将程序中的每个算子解析为 Operator，并根据算子之间的关系将其组合成一个 Operator 组成的 Graph，这个 Graph 描述了整个程序的数据流向和处理逻辑。

解析形成执行计划之后，Client 的任务还没有结束，还需负责执行计划的优化。这里执行的主要优化是将相邻的 Operator 融合，形成 peratorChain。因为 Flink 是分布式运行的,程序中每一个算子,在实际执行中被分割为多个 SubTask。数据流在算子之间的流动,就对应到 SubTask 之间的数据传递。SubTask 之间进行数据传递的模式有两种:一种是 one-to-one 的,数据不需要重新分布,也就是数据不需要经过 IO,节点本地就能完成;另一种是 re-distributed,数据需要通过 shuffle 过程重新分区,需要经过 IO。

re-disistributed 这种模式更加浪费时间,同时影响整个 Job 的性能。所以,Flink 为了提高性能,将 one-to-one 关系的前后两类 SubTask,融合成一个 Task。而 TaskManager 中一个 Task 运行在一个独立的线程中,同一个线程中的 SubTask 进行数据传递,不需要经过 IO,不需要经过序列化,直接发送数据对象到下一个 SubTask,性能得到提升,除此之外,SubTask 的融合可以减少 Task 的数量,提高 TaskManager 的资源利用率。

(三)Flink 中的 JobManager

JobManager 作为一个进程,在整个作业的执行过程中扮演着重要角色。它负责申请资源、协调和控制整个作业的执行。具体任务包括调度任务、处理检查点、实现容错等。当接收到客户端提交的执行计划后,JobManager 会对其进行解析,形成可被实际调度的任务拓扑图。由于客户端只提供了操作符级别的执行计划,因此 JobManager 需要继续解析执行计划,根据算子的并发度划分任务,从而形成可被实际调度的拓扑图。

为了保证高可用性,一般会有多个 JobManager 进程同时存在,它们之间也采用主从模式,一个进程被选择为 leader,其他进程为 follower。Job 运行期间,只有 leader 在工作,follower 在闲置,一旦 leader 挂掉,随即引发一次选举,产生新的 leader 继续处理 Job。JobManager 除了调度任务外,另外一个主要工作就是容错,主要依靠 checkpoint 进行容错,checkpoint 其实是 Stream 及 Executor(TaskManager 中的 Slot)的快照,一般将 checkpoint 保存在可靠的存储(比如 HDFS)中,为了容错 Flink 会持续建立这类快照。当 Flink 作业重新启动时,它会寻找最新可用的 checkpoint 来恢复执行状态,以确保数据不丢失、不重复,且准确被处理一次。一般情况下都不会用到 checkpoint，只有在数据需要积累或处理历史状态的时候，才需要设定 checkpoint，比如 updateStateByKey 这个算子，默认会启用 checkpoint，如果没有配置 checkpoint 目录，程序会抛出异常。

（四）Flink 中的 TaskManager

TaskManager 作为一个 JVM 进程，在整个作业执行过程中承担着重要任务。其主要功能是接收并执行来自 JobManager 的任务，并与 JobManager 进行通信以及反馈任务的状态信息。可以将 TaskManager 比喻为 Worker，主要负责执行任务。在 TaskManager 内部可以同时运行多个任务，这样做有几个好处：首先，通过多路复用方式进行 TCP 连接可以提高效率；其次，任务可以共享节点之间的心跳信息，减少了网络传输。每个 TaskManager 都像一个容器，包含一个或多个 Slot，这是一种高效利用资源的方式。

Slot 是 TaskManager 资源粒度的划分，每个 Slot 都有自己独立的内存。所有 Slot 平均分配 TaskManager 的内存，比如 TaskManager 分配给 Solt 的内存为 8 GB，如有 2 个 Slot，每个 Slot 的内存为 4 GB；如有 4 个 Slot，每个 Slot 的内存为 2 GB。值得注意的是，Slot 仅划分内存，不涉及 CPU 的划分。同时，Slot 是 Flink 中的任务执行器（类似 Storm 中的 Executor），每个 Slot 可以运行多个 Task，而且一个 Task 会以单独的线程来运行。

四、Kafka 分布式消息队列

Kafka 是一种基于发布／订阅的消息系统，在官方介绍中，将其定义为一种分布式流处理平台。Kafka 多用于 3 种场景：构造实时流数据管道，在系统和应用之间可靠地获取数据；构建实时流式应用程序，对其中的流数据进行转换，也就是通常说的流处理；写入 Kafka 的数据，进而写入磁盘并实现存储系统。

相比于一般的消息队列，Kafka 提供了一些特性。基于磁盘的数据存储、数据持久化以及强大的扩展性使得 Kafka 成为企业级消息系统中的一个首选。

（一）Kafka 的基本术语

Kafka 作为一个分布式流处理平台，其核心概念包括 Broker、Topic、Partition、Producer、Consumer 和 Consumer Group。Broker 作为消息的中间缓存和分发节点，存储了已发布的消息；Topic 代表消息的分类，相当于数据库中的表；Partition 则是 Topic 的物理分组，每个 Partition 是一个有序的消息队列，每条消息都有一个有序的 ID；Producer 负责发布消息，而 Consumer 则用于订阅消息。此外，Consumer Group 是由一个或多个 Consumer 组成的消费组，同一消费组内的 Consumer 竞争消费消息，而不同消费组的 Consumer 则能够消费全部消息。这些概念共同构成了 Kafka 的基本组成部分，为其提供了强大的消息处理和分发能力。

以 3 个 Broker 的 Kafka 集群为例，生产者生产消息并将其"推送"（push）到 Kafka 中，消费者从 Kafka 中"拉取"消息并将其消费掉。Kafka 使用 ZooKeeper 来保存 Broker、主题和分区的元数据信息。在同一集群中的所有 Broker 都必须配置相同的 ZooKeeper 链接（zookeeper.connect），每个 Broker 的 broker.id 必须唯一。

在 Kafka 0.9.0.0 版本之前，除了 Broker 之外，消费者也会使用 ZooKeeper 来保存一些信息，比如消费者群组的信息、肢体信息、消费分区的偏移量（在消费者群组里发生失效转移时会用到）。到 0.9.0.0 版本，Kafka 引入了一个新的消费者接口，允许 Broker 直接维护这些信息。

（二）Kafka 的生产者

生产者是 Kafka 消息的创建源。一个应用程序在很多情况下都需要往 Kafka 写入消息以记录用户的活动、保存日志消息、记录度量指标等。不同的使用场景对生产者 API 的使用和配置会有不同的要求。比如，在信用卡事务处理系统中，消息的丢失和重复是不允许的，可接收的消息延迟最大为 0.5 s，期望的吞吐量为每秒处理 100 万个消息。而在保存网站点击信息的应用场景中，少量的消息丢失和重复是可接受的，消息到达 Kafka 服务器的延迟长一点也没有关系，只要用户点击一个链接后马上加载页面就可以，吞吐量取决于网站用户使用网站的频度。

生产者 API 的使用很简单，但是消息的发送过程有些繁杂。生产者向 Kafka 发送消息的过程中，ProducerRecord 是 Kafka 生产者的一种实现，主要功能是发送消息给 Kafka 中的 Broker。ProducerRecord 对象包含目标主题和要发送的内容，还可以指定键或分区。在发送 ProducerRecord 时，需要先对键值对对象进行序列化，以保证内容可以进行网络传输。

接着，数据传给分区器。如果在 ProducerRecord 对象里指定了分区，则分区器不会做任何事情，直接把指定的分区返回。如果没有指定分区，那么分区器会根据 ProducerRecord 对象的键来选择分区。选好分区后，生产者就知道往哪个主题和分区中发送这条记录了。紧接着，这条记录被添加到一个记录批次里，这个批次里的所有消息都会被发送到相同的主题和分区上。有一个独立的线程负责把这些记录批次发送到相应的 Broker 上。

服务器在收到这些消息时会返回一个响应。如果消息成功写入 Kafka，就返回一个 RecordMetaDate 对象，它包含了主题和分区信息，以及记录在分区里的偏移量。如果写入失败，则会返回一个错误。生产者在收到错误之后会尝试重新发送消息，几次之后如果还是失败，就返回错误信息。

（三）Kafka 的消费者

应用程序利用 Kafka 消费者接口向 Kafka 订阅主题，并从订阅的主题上接收消息。Kafka 消费者从属于消费者群组，一个群组内的消费者订阅的是同一个主题，每个消费者都接收主题中的一部分分区的消息。消费者群组的出现是为了解决单个消费者无法跟上数据写入速度的问题。

假设一主题 T1 有 4 个分区，我们创建了消费者 C1，它是消费者群组 G1 里唯一的消费者，我们用它订阅主题 T1。消费者 C1 将收到主题 T1 全部 4 个分区的消息。

如果消费者群组 G1 里新增加 1 个消费者 C2，那么每个消费者将分别从 2 个分区接收消息。假设消费者 C1 接收分区 0 和分区 2 的消息，消费者 C2 接收分区 1 和分区 3 的消息。

如果消费者群组 G1 有 4 个消费者，那么每个消费者都可以分配到一个分区。

但如果在消费者群组中添加更多的消费者，超过主题分区数量，则此时有一部分消费者会闲置，不会接收到任何消息。因为每个分区只能被特定消费者群组内的一个消费者所消费。

Kafka 设计的目标之一就是让 Kafka 主题里的数据能够满足企业各种应用场景的需求。应用程序所需要的就是拥有自己的消费者群组，这样它们就可以获取到主题的所有消息。

在上面的例子中，只有一个消费者群组 G1 消费主题 T1 的消息。如果新增一个消费者群组 G2，那么这个消费者群组中的消费者将从主题 T1 中接收所有的消息，并且与 G1 之间互不影响。

（四）Kafka 数据传递的可靠性保障

Kafka 可以被应用在很多场景，从跟踪用户点击事件到信用卡支付操作，所以 Kafka 在数据传递的可靠性上具有很大的灵活性。对于涉及金钱交易或用户保密的消息传递，我们只需要牺牲一些存储空间（用于存放冗余副本）即可实现其高可靠性的保障。

Kafka 的数据复制和分区的多副本架构是 Kafka 可靠性保证的核心。把消息写进多个副本可以使 Kafka 在发生崩溃时，仍然能保证消息的持久性，下面阐述 Kafka 副本机制及数据复制。

1. Kafka 副本机制

Ka 每个 Topic 的 Partition 都有 N 个副本，其中 N 是 Topic 的复制因子。在 Ka 中发生复制时需要确保 Partition 的预写式日志有序地写到其他节点上。在 N 个 replicas（副本）中，其中一个 replica 为 leader，其他都为 follower，leader 处理 Partition 的所有读写请求，与此同时，follower 会被动、定期地去复制 leader 上的数据。

2. Kafka 数据复制

Kafka 提供了数据复制算法，以保证其可靠性，如果 leader 发生故障或挂掉，一个新 leader 会被选举并被接收客户端的消息成功写入。新的 leader 一定产生于副本同步队列(ISR)。follower 需要满足下面的 3 个条件,才能被认为属于 ISR(即与 leader 同步)。

(1) 与 ZooKeeper 之间有一个活跃的会话,也就是说,follower 在过去的一段时间内(默认是 6 s)向 ZooKeeper 发送过心跳。

(2) 在过去 10 s 内从 leader 那里获取过消息。

(3) 在 10 s 内获取的消息应是最新消息,即获取消息不得滞后。

如果 follower 不能满足任何一个条件,那么它就被认为是不同步的。不同步的副本可以通过与 ZooKeeper 重新建立连接,并从 leader 那里获取最新消息,重新变成同步副本。

Kafka 的复制过程既不是完全的同步复制,也不是单纯的异步复制。实际上,同步复制要求所有能工作的 follower 都复制完,这条消息才会被 commit,这种复制方式极大地影响了吞吐率。而异步复制方式下,follower 异步地从 leader 复制数据,数据只要被 leader 写入,log 就被认为已经 commit,这种情况下如果 follower 还没有复制完,落后于 leader,突然 leader 死机,则会丢失数据。而 Kafka 的这种使用 ISR 的方式则很好地均衡了数据不丢失以及吞吐率。

五、Flume 分布式日志收集

将数据存储到 Hadoop 以及从 Hadoop 的文件系统中获取数据比较容易,每个操作只需要一条命令即可。但是,在实际的网站中,数据是源源不断的,批量将数据加载到 HDFS 上显然不能满足实时处理的要求。在这种场景下,真正需要的是一个能够收集流式数据的解决方案,Flume 便在这种背景下被引入。

(一) Flume 的相关术语

Flume 包含以下相关术语。

(1) Agent。

Flume 数据收集架构的核心,作为一个 JVM 进程存在,主要由 Source、Channel、Sink 3 个部分组成。

(2) Source。

Flume 的源头组件，负责数据的收集工作。数据来源可以非常多样，包括网络流量、社交媒体数据流、电子邮件消息等。Source 组件能够处理各种类型的数据，甚至支持自定义数据类型的接入。

(3) Channel。

Flume 的中间缓存组件，用于暂存 Source 收集来的数据。当 Source 完成数据收集后，数据会被临时存储在一个或多个 Channel 中，等待 Sink 组件来取出。

(4) Sink。

Flume 的输出组件，负责从 Channel 中取出缓存的数据，并将其发送到指定的目的地。目的地可能是 HDFS、另一个 Flume Agent 的 Source，或其他外部系统。

（二）Flume 的源

Flume 的源是代理的输入点，Flume 发布包中提供了很多可用的源，此外还有众多的开源方案可供选择。就像大多数开源软件一样，如果找不到所需的源，可以通过继承 org.apache.flume.source.AbstractSource 类来编写自己的源。常用的源包括 Kafka 源、Syslo 源、Exec 源等。以下仅以 Exec 源为代表的，分析 Flume 的源。

Exec 源提供了在 Flume 外执行的命令，然后将输出转化为 Flume 事件的机制。使用 Exec 源，需要将 al.source.sl.type 属性设为 exec。

Flume 中的所有源都需要指定通道列表来写入事件，这是通过 channels 属性来实现的。该列表可以接收一个或多个通道名，中间用逗号分开：al.source.sl.channelels=cl，c2。

al.sources.sl.command 属性也是必需的，它告诉 Flume 给操作系统传递什么命令。比如 tail-F / root / test.log，Exec 源会对 / root / test.log 文件执行 tail 命令，并且会追踪外部应用可能会对日志文件进行的任何改动。

（三）Flume 的通道

Flume 的通道为流动的事件提供了一个中间区域，从源读取并被写到接收器的事件处于这个区域中。Flume 常用通道分为两种,一种是内存通道,即事件存储在内存的通道,另一种是文件通道,指的是将事件存储到代理本地文件系统中的通道。

(1)内存通道。

正常情况下,内存的速度要比磁盘快好几个数量级,因此内存通道对于事件的接收速度会快很多,适合于高吞吐量的场景。其缺点在于如果发生代理失败(如硬件问题、断电、JVM 崩溃、Flume 重启等)会导致数据丢失,所以内存通道不适用于对数据丢失无法容忍的场景。

(2)文件通道。

文件通道相比内存通道来说,会慢一些,但是它提供了持久化的存储路径,可以应对大多数应用场景,对于数据流中不允许出现缺口的场合可以使用它。这种持久化能力是由 WriteAheadLog(WAL)以及一系列文件存储目录一起提供的。WAL 用一种安全的方式追踪来自通道的所有输入和输出。通过这种方式,当代理重启时,WAL 可以重放,从而确保在清理本地文件系统的数据之前,进入通道中的所有事件都会被写出。

此外,针对保密性较高的数据,当业务要求磁盘上所有数据都要加密时,文件通道还提供了将加密数据写到文件系统的方法,但是加密会降低文件通道的吞吐量。

(四)Flume 的接收器

Flume 的接收器(Sink)根据目标应用的不同,有多种类型,包括但不限于 HDFS Sink、Hive Sink、HBase Sink 等。对于不常见的目标应用,开发者可以通过继承 Flume 提供的 org.apache.flume.sink.AbstractSink 类来创建自定义的 Sink 实现。本段将重点讨论在大数据生态系统中最常用的 HDFS Sink。使用 HDFS Sink 需要先安装并配置好 Hadoop 环境。

HDFS Sink 的主要功能是持续地打开 HDFS 中的文件,并以流式写入的方式持续添加数据。在达到某个预设的时间点或条件时,它会关闭当前文件,并开始向一个新文件中写入数据。在从 Channel 读取事件并写入 HDFS 的过程中,用户需要指定 HDFS 的文件路径与文件名、单次写入文件的上限以及触发文件转储(rollover)

的条件。关于文件转储的配置，用户可以根据自己的需求来设定转储条件。默认情况下，Flume Sink 会根据时间间隔（30 s）、事件数量（10 个事件）或文件大小（1 024 字节）来触发转储，一旦满足任一条件，就会关闭当前文件并开始写入新文件。

此外，HDFS Sink 还支持写入压缩数据，这主要是为了减少 HDFS 上的存储需求。在实际业务场景中，推荐尽可能使用压缩数据进行存储。压缩不仅可以减少存储空间的占用，而且在多数情况下，读取压缩文件并在内存中解压缩的速度要快于直接读取未压缩的文件，这有助于提升运行 MapReduce 作业时的性能。

六、Spark Streaming 框架

Spark Streaming 是 Spark API 的核心扩展。它支持快速移动的流式数据的实时处理，从而提取业务的内在规律性，并实时地做出业务决策。与离线处理不同，实时系统要求实现低延迟、高可扩展性、高可靠性和容错能力。Spark Streaming 能满足大部分业务场景实时处理的响应能力，延迟几百毫秒并且具备出色的扩展性、可靠性和容错能力。

（一）Spark Streaming 的基本架构

Spark Streaming 通过将连续事件中的流数据分割成一系列微小的批量作业（即所谓的微批处理作业），使得计算机几乎可以实现流处理。因为存在几百毫秒的延迟，所以不可能做到完全实时，但已经能满足大部分应用场景的需要。Spark Streaming 通过将数据流拆分为离散流（Discretized Stream，DStream）来实现从批处理到微批处理的转化。DStream 是由 Spark Streaming 提供的 API，用于创建和处理微批处理。DStream 就是一个在 Spark 核心引擎上处理的 RDD 序列，与其他 RDD 一样。

Spark Streaming 应用程序接收来自流数据源的输入，数据源可以从多处获取，比如 Kafka、Flume、HDFS 等，甚至还可以从 TCP 套接字、文件流等基本数据源处获取。获取到的数据源通过接收器，从而创建亚秒级（1 s 内）批处理 DStream，再将其交给 Spark 核心引擎进行处理。然后，每个输出的批次会被发送到各种输出接收器并存储起来。

输入数据流拆分为 DStream 进行处理，进而转化为近似流进行处理，有多个优点，具体如下。

（1）动态负载均衡。

传统的"一次处理一条记录"的流处理框架往往会使数据流不均匀地分布到不同的节点，导致部分节点性能降低。而 Spark Streaming 会根据资源的可用性来调度任务。

（2）快速故障恢复。

如果任何节点发生故障，则该节点处理的任务将会失败。失败的任务会在其他节点上重新启动，从而实现快速故障恢复。

（3）批处理与流处理统一。

批处理和流处理的工作负载可以合并在同一个程序中，而不是分开进行处理的。

（4）性能。

Spark Streaming 具有比其他流式架构更高的吞吐量。

（二）Spark Streaming 的输入数据源

Spark Streaming 支持 3 种类型的输入数据源。

（1）基本数据源。

这类数据源包括文件系统（如 HDFS）、TCP 套接字以及 RDD（弹性分布式数据集）队列等。这些数据源是 Spark Streaming 中最基本的输入选项，适用于多种流处理场景。

（2）高级数据源。

如 Kafka、Flume、Twitter 等。这些数据源通常涉及更复杂的数据接入和处理逻辑，但可以通过 Spark Streaming 提供的额外实用程序类来访问。这些高级数据源使 Spark Streaming 能够与流行的分布式消息系统和数据收集系统无缝集成。

（3）自定义数据源。

这要求用户实现自定义的接收器来接入特定的数据流。当现有的数据源不能满足特定需求时，开发者可以通过扩展 Spark Streaming 的接口来创建适合自己业务需求的自定义数据源。

（三）Spark Streaming 的输出存储

数据在 Spark Streaming 应用程序中处理好之后，就可以将其写入各种接收器，如 HDFS、HBase、Cassandra、Kafka 等。所有输出操作都是按照它们在应用程序中定义的相同顺序执行的。

（四）Spark Streaming 的容错机制

Spark Streaming 应用程序中有两种故障：执行进程故障和驱动进程故障。

1. 执行进程故障

执行进程在运行过程中可能会因为硬件或软件的问题出现故障。如果执行进程出现故障，那么在该执行进程上运行的所有任务都可能失败，并且存储在该执行进程的 Java 虚拟机（JVM）中的所有内存数据也可能会丢失。此外，如果故障进程所在的节点上还有接收器（Receiver）在运行，那么所有已经进入缓冲区但尚未处理的数据块也可能会丢失。

针对执行进程的故障，Apache Spark 的处理策略是在一个新的节点上部署一个新的接收器，以应对故障情况。同时，任务会在数据块的副本上重新启动，以确保数据处理的连续性和可靠性。

2. 驱动进程故障

如果 Spark Streaming 的驱动进程出现故障，那么所有由该驱动进程管理的执行进程也会随之失败。为了从驱动进程的故障中恢复，Spark Streaming 提供了两种主要的恢复机制：检查点恢复和 Write-Ahead Log（WAL）恢复。为了实现数据的零丢失恢复，通常情况下需要将这两种方法结合使用。

（1）使用检查点恢复。

Spark 应用程序会周期性地将运行状态数据保存到配置的存储系统中作为检查点。在检查点目录中，存储有两种类型的数据：元数据和数据本身。元数据主要包括应用程序的配置信息、DStream 的操作信息以及未完成的批次处理信息。而数据部分则指的是 RDD 的内容。元数据的检查点用于恢复驱动进程的状态，数据的检查点则用于恢复 DStream 中具有状态的转换。

（2）使用 WAL 恢复。

WAL 是一种用于确保数据块在系统故障后不会丢失的机制。在 Spark Streaming 中，当应用程序从驱动程序故障中恢复时，如果没有 WAL，那些已经被接收器接收但还没有来得及处理的数据块可能会丢失。启用 WAL 功能可以通过将接收到的数据先写入到持久化存储中，从而在故障恢复时减少数据丢失的风险。

第二节　大数据分析与挖掘技术

一、大数据分析

在商业智能、科学研究、计算机仿真、互联网应用和电子商务等诸多应用领域，数据在以极快的速度增长，为了分析和利用这些庞大的数据资源，必须依赖有效的数据分析技术。为了从数据中发现知识并加以利用，辅助领导者的决策，必须对数据进行深入的分析，而不是生成简单的报表，这些复杂的分析必须依赖于分析模型。

数据技术可以改进计量与监控手段，从而改善观察的效果。看得越清楚，就越有可能采取合理明智的行动。但是，要让数据驱动的决策活动朝着良性方向发展绝非易事。大多数企业对自己的经营活动无法形成清醒的认识，事实上，摆在大数据时代的很多商机存在于平常的领域之中，在于更清楚无误地统计、监控与观察。

数据分析是一种通过检查、清洗、转换和建模数据来提取有用信息、发现模式和支持决策的过程。随着大数据时代的到来，数据分析的重要性日益凸显，它已经成为商业、科研等多个领域不可或缺的工具。

（一）分析环境

从分析人员的视角看，数据分析环境经历了从孤立的数据集市到数据仓库，冉到如今的分析沙盒的演变过程。

由于电子数据表的出现,业务用户可以在具有行列结构的数据上建立起简单逻辑,并创建他们自己对业务问题的分析(例如试算);普通用户不需要参加复杂的培训即可建立电子数据表。电子数据表的主要优势是:容易共享;终端用户对涉及的逻辑有所控制。然而,它们的迅速扩散使得企业不得不艰难地应对因为频繁更新而引起的"多版本"问题。如果一个用户不幸丢失或损坏了笔记本电脑,则已经建立的数据及其逻辑也就此终结。这些问题的存在使得数据集中化需求越来越高。

随着数据量的爆炸性增长,企业面临着前所未有的数据管理挑战。为此,众多科技公司,如 Oracle 和 Microsoft,纷纷推出了更大规模的数据仓库解决方案。这些解决方案不仅能够集中管理海量数据,还提供了数据的安全性、自动备份以及独立的存储库。在这样的环境中,用户可以确信,他们获取的财务报表或其他关键任务数据均源自官方认可的数据源。此外,这种结构化的数据仓库还为联机分析处理(OLAP)和商业智能(BI)分析工具的建立提供了便利,使用户能够快速地进行多维度的数据访问,并高效地生成各类报表。

一些技术供应商进一步将先进的逻辑方法封装成产品,以实现更深层次的数据分析技术,如回归分析、神经网络等。这些高级分析工具为企业提供了前所未有的数据洞察力,帮助企业在决策过程中更加精准和高效。然而,从数据分析师的角度来看,企业数据仓库可能会限制他们执行复杂分析的能力,甚至可能降低数据探索的灵活性。在这种模式下,数据的管理和控制权通常掌握在 IT 团队和数据库管理员手中,数据分析师往往需要依赖 IT 人员的协助来访问和修改数据模式。这种严格的管理和监督机制意味着数据分析师获取数据的时间会更长,且数据往往来源于多个不同的数据源。

事实上,数据仓库的规则有时会限制数据分析师构建分析所用数据集的能力,这导致企业中出现了所谓的"影子系统"。在这些影子系统中,关键数据被高级用户在本地管理,用于构建分析数据集。这种现象在一定程度上反映了数据仓库在灵活性和即时性方面的不足。

为了解决这一问题，分析沙盒①的概念应运而生。分析沙盒允许应用数据库内嵌的高性能计算进行数据处理，这种方法能够关联企业内部的多个数据源，从而为数据分析师节省了大量用于建立独立数据集的时间。数据库内嵌的深度分析处理能力，显著加快了新分析模型的开发和执行周期，并减少了（尽管并未完全消除）在本地影子系统中保存数据的相关成本。

此外，分析沙盒还能够处理各种类型的数据，包括互联网数据、元数据和非结构化数据，这不仅仅局限于企业数据仓库中典型的结构化数据。这种多样性的数据加载能力，为数据分析师提供了更广阔的数据分析视野，使他们能够从不同角度和层面对数据进行深入分析。

（二）分析架构

数据仓库的目的是构建面向分析的集成化数据环境，为企业提供决策支持。数据仓库本身不生产任何数据，同时自身也不需要消费任何的数据，数据来源于外部，并且开放给外部应用。基于数据仓库的传统分析架构具有以下特点。

（1）源数据在载入企业数据仓库之前，需要使用合适的数据类型进行定义，以确保数据能够被正确理解、结构化和规范化。这种数据的集中管理使得企业能够对关键数据实施安全控制、进行备份和建立失效备援机制，从而获得相应的好处。然而，这也意味着在数据进入这一可控环境之前，必须完成重要的预处理和检查工作。尽管这有助于保证数据质量，但可能不利于进行数据探查和迭代分析。

（2）影子系统是企业数据仓库控制策略的一种副产品，它们通常以部门数据仓库或本地数据集市的形式存在。业务用户建立影子系统主要是为了满足对灵活分析的迫切需求。与企业数据仓库相比，这些本地数据集市在安全性和结构化方面没有那么严格的约束，允许用户在企业范围内进行一定程度的分析。但是，这些临时搭建的系统往往是孤立的，通常不会与企业内其他数据存储联网或连接，且大多数情况下缺乏有效的备份机制。

---

①沙盒是指在受限的安全环境中运行应用程序的一种做法。

（3）数据一旦被加载到数据仓库中，就可以被各种企业应用所使用，这些应用主要用于商业智能和报告生成的目的。企业中高优先级的业务流程往往依赖于数据仓库来获取关键的业务数据。

（4）在工作流的末端，分析人员会从数据仓库中获取数据以进行进一步的分析。由于在生产数据库上直接运行定制化或资源密集型的分析操作是不现实的，分析人员通常需要将数据从数据仓库中导出，然后利用本地分析工具进行离线分析。这些分析工具大多只能在桌面环境中通过内存分析来处理数据的子集，而非完整的数据集。此外，由于这些分析是基于导出的数据进行的，它们与主企业数据仓库是分离的。因此，分析过程中对数据质量或异常的任何发现，很少能够反馈并更新到原始的企业数据仓库中。

（5）由于严格的验证和数据结构化处理，数据在企业数据仓库中是慢慢积累的，因此数据也是缓慢地移动到企业数据仓库，并且模式也是缓慢变化的。企业数据仓库的原始设计可能已经考虑到了特定的目的和一些业务需求，但是，随着时间的推移，数据储存得越来越多，使得商业智能和为分析与报表建立 OLAP 立方体成为可能。企业数据仓库只提供了有限的方法去完成这些目标，比如，实现报表的任务和仪表盘的建立，基本上限制了分析人员的能力。

（三）分析平台

大数据项目在实施时需要考虑多个关键因素，以确保所采用的分析方法能够有效地应对面临的挑战。鉴于大数据的独特性质，这些方法特别适合于决策支持，尤其是在处理具有高复杂性和高价值的战略性决策时。由于大数据的高容量和复杂性，所采用的分析技术必须具备高度的灵活性，以支持迭代分析（分析灵活性）。

这些要求促成了复杂分析项目的产生，例如预测客户流失率的模型可能会因决策速度的需求而存在一定的处理延迟；或者采用先进的分析方法、结合大数据和机器学习算法，以实现实时或近实时的分析，如基于用户近期的网站访问记录和购买行为来构建推荐引擎。为了成功实施大数据项目，还需要构建一种与传统企业数据仓库不同的数据架构方法。分析人员需与 IT 和数据库管理员紧密合作，以获取他们在分析沙盒中所需的各种数据,包括原始数据、聚合数据以及多种结构类型的数据。沙盒环境需要由精通深度分析的专业人员来操作,以便采用更强大的方法来探索数据。

大数据时代要求一种新型的分析平台,它不仅能为业务和技术带来竞争优势,还需要满足以下新技术基础设施的要求。

①能够大规模扩展至 PB 级别的数据量。

②支持低延迟的数据访问和决策制定。

③具备集成的分析环境,以加快高级分析建模和操作化流程。

这种新型分析平台能够处理海量数据集,并在新的量级上识别大数据中的可操作价值,同时实现这些价值与用户网络环境的无缝集成,不受地理位置的限制。这样的平台能够在企业的不同层级提供对大数据的深入分析和前瞻性业务决策支持,帮助企业摆脱仅依赖历史数据的回顾性报告方式。

1. 敏捷计算平台

敏捷性通过高度灵活且可重新配置的数据仓库和分析架构实现。分析资源可快速进行重新配置和部署,以满足不断变化的业务需求,从而实现新级别的分析灵活性和敏捷性。

(1)实现"敏捷"数据仓储。

①按需聚合——提供更快的查询和报告响应时间,无须预先构建聚合。具备实时创建聚合的能力,避免了每次数据"细流"汇入数据仓库时重新构建聚合的需要。

②索引独立性——数据库管理员可以消除刚性索引构建的需要。无须预先知道用户要提出的问题,即可构建所有支持的索引。用户可以自由提问更具体的业务问题,而不必担心性能问题。

③即时创建关键绩效指标(KPI),业务用户可以自由定义、创建和测试新的(以及复合的)KPI,无须事先请数据库管理员计算它们。

④灵活、临时的层次结构——构建数据仓库时无须预定义维度层次结构,例如,在市场情报分析期间,企业可以灵活更改作为分析基准的公司。

（2）集成式数据仓库和分析。

①在数据仓库和分析环境之间细分和流动大规模数据集，以支持创建"分析沙盒"，供分析探索和发现使用。

②以最低粒度级别查询大规模数据集，以标识"异常"行为、趋势和活动，从而根据相关建议创建可操作的价值。

③加速不同业务场景的开发和测试，以简化假设分析、敏感性分析和风险分析。集成式数据仓库和分析环境的这些优势可以应用到日常任务中，从而带来宝贵的价值。

2. 线性扩展能力

对大规模计算能力的实现意味着能以完全不同的方式解决业务问题，大规模计算扩展能力主要应用于以下方面：

（1）将 ETL 转变为数据浓缩过程。

① 活动定序和排序——识别一系列在特定事件发生前的顺序活动。例如，分析用户在网站上搜索技术支持问题的行为模式，通常包括先进行搜索，随后两次致电呼叫中心，最终解决问题的序列。

②频率计数——统计在特定时间段内某事件的发生频次。例如，计算产品在最初 90 天内引发的服务呼叫次数。

③N-tiles——依据特定指标或多指标将项目（如产品、事件、客户和合作伙伴）分组到不同的"桶"中。例如，根据过去 3 个月的收益或利润，识别出最有价值的前 10%客户群体。

④行为"篮子"——构建一组活动模式，这些活动通常先于销售或其他"转换"事件，包括它们的频率和顺序，以识别最具效能和盈利能力的市场治理组合。

（2）支持极端变化的查询和分析工作负载。

①性能和可扩展性——提供"钻取"数据的能力，以敏捷地回答决策制定过程中的次级和三级问题。业务用户可以深入分析细节数据，而不必担心大规模数据处理导致的系统过载。

②敏捷性——支持快速开发、测试和优化分析模型,这些模型有助于预测业务绩效。数据分析允许自由探索可能影响业务绩效的变量,从结果中学习,并把这些洞察融入模型的下一次迭代中,避免了分析快速失败或担心分析对系统性能的影响。

(3) 分析海量力度数据集(大数据)。

①执行多维分析的能力,不仅限于三维或四维,而是可以扩展到数百甚至数千维,以更精细地调整和定位业务绩效。企业可以基于地理位置(如城市或邮编)、产品、制造商、促销、价格、一天中的特定时段或一周中的某一天等维度,识别出推动业务的要素。这种粒度的分析可以显著提升本地业务绩效。

②从海量数据中挖掘出足够多的"小"价值点,这些价值点可以为企业带来显著的效益。

(4) 实现低延迟数据访问和决策制定。

①挖掘连续数据流以提供低延迟的运营报告和分析。例如,业务事件(如证券交易)与决策之间的时间间隔显著缩短。华尔街算法交易的兴起清楚地展示了低延迟决策的影响,其中算法交易指的是使用计算机程序自动输入交易订单,并由算法决定交易的时间、价格或数量等参数,通常无须人工干预。

②低延迟数据访问使得"即时"动态决策成为可能。例如,在营销活动期间,营销活动经理可以基于实时数据,动态重新分配在线活动预算,以优化在表现最佳或转化率最高的网站和关键词组合上的投入。

3. 全方位、遍布式、协作性用户体验

业务用户对数据、图表和报告选项的需求已然饱和,无论如何优雅地推出它们,也不再需要更多了。业务用户需要的是一种能利用分析为其业务找出并提供可操作的实质性价值的解决方案。

(1) 实现直观且全面的用户体验。

用户体验设计应通过分析工具在后台高效处理复杂的数据分析任务,而将用户界面保持简洁直观。界面应避免直接展示复杂的报告、图表和表格,而是直接提供对业务有洞察力的信息。此外,用户体验可以基于数据分析的结果提供具体的操作建议,而将识别相关性和生成可操作建议的复杂任务交由分析工具来完成。例如,在营销活动的界面设计中,系统可以从众多影响营销绩效的变量中筛选出关键可操作的变量,并展示给用户。更进一步,如果用户界面不仅展示这些关键变量,还能提供改进营销活动绩效的具体建议,这样的用户体验将更受用户青睐。

(2)发挥协作的天然优势。

协作是分析和决策流程中不可或缺的一部分,它允许用户以小组的形式快速集结,就特定主题进行数据、信息和洞察的共享与讨论。例如,一家大型快速消费品公司的各个品牌经理可以创建一个在线社区,在其中轻松分享和讨论数据、信息和品牌管理的洞察。通过这种共享机制,一旦某个品牌发现了有效的营销策略,其他品牌便能迅速学习并应用这些策略,从而在整个公司范围内放大成功策略的影响力。

(3)支持新的业务应用程序。

①具备根据业务优先级灵活调配和再分配大量计算资源的能力,以满足不同业务需求的敏捷性。

②该平台应能够分析更细粒度、多样化且低延迟的数据集,同时保持对数据细微差别和关系的分析能力,从而产生有区分度的洞察,有助于优化业务绩效。

③它还应能够支持跨组织协作,快速传播最佳实践和有组织地发现,以应对关键业务计划的挑战。

④理想的分析平台应具备成本优势,利用廉价的处理组件分析大数据,从而抓住和挖掘商机,实现成本效益。这样的分析平台能够实现大规模扩展的处理能力、挖掘细粒度数据集的能力、低延迟数据访问,并且能够与数据仓库和分析工具紧密集成。正确认识和部署这样的平台,将有助于解决以前难以解决的业务问题,并为业务提供可操作的实质性洞察。

二、数据挖掘技术

数据挖掘技术是数据分析领域中的一项关键技术,它涉及从大量数据中通过算法和统计分析方法提取出有价值信息和知识的过程。数据挖掘技术的应用广泛,从商业智能到科学研究，再到社会网络分析等多个领域都有其身影。

数据挖掘是一项从大量数据中挖掘知识的过程，也被称为在数据中的知识挖掘。这个过程体现了从海量数据中发现有价值内容的过程，涉及统计学、人工智能和数据库系统等多个领域的知识。数据挖掘通常包括数据准备、规律寻找和规律表示三个步骤，任务包括关联分析、聚类分析、分类分析、异常分析、特异群组分析和演变分析等。随着摩尔定律的发展，计算机功能呈指数级增长，而存储容量的增长远远超过了处理能力，导致存储数据的能力远远超过了处理数据的能力。大量数据被生成并存储在数据库中，但由于数据量庞大，使得组织机构变得数据丰富而知识贫乏。因此，数据挖掘的主要目的是从已有数据中提炼知识，提高数据的内在价值，使其成为有用的东西。数据挖掘应用各种算法对数据集进行分析，挖掘出有价值的模式和信息，这些信息可以指导市场策略，并对预测具有重要意义。解决数据挖掘系统提出的问题可能涉及单一任务或多个任务的整合，取决于问题的复杂程度。

了解基于数据挖掘和机器学习理论的高级分析方法，将有助于研究分析需求，以及基于业务目标、初始假设和数据结构与数量来选择合适的技术。模型规划是基于问题确定合适的分析方法，它依赖于数据的类型和可用的计算资源。

（一）分类

分类是指把每个事例分成多个类别的行为，每个事例包含一组属性，其中有一个属性是类别（class）属性。分类任务要求找到一个模型，该模型将类别属性定义为输入属性的函数。分类模型将使用事例的其他属性（输入属性）来确定类别的模式（输出属性）。有目标的数据挖掘算法称为有监督的算法。典型的分类算法有决策树算法、神经网络算法和贝叶斯算法。

（二）聚类分析

聚类分析也称为细分，它基于一组属性对事例进行分组，用来在数据集中找到相似群组的一种常用方法，其中"相似"的定义视具体问题而定。另外，还需要提及的是"无监督"概念，它是指在没有分类标签的数据中寻找内在的关联。K-means

聚类及关联规则挖掘都属于无监督学习，即没有预测阶段。

在聚类分析中，所有的输入属性都平等对待。大多数聚类算法通过多次迭代来构建模型，当模型收敛时算法停止，当细分的边界变得稳定时算法停止。

K-means 是聚类分析的经典算法之一，主要是作为一种探索式的技术，用来发现之前没有被注意到的数据结构。尽管在聚类中记录的类别不是已知的，但是聚类可以用来探索数据的结构，总结类群的属性特征。当维度比较低时，可以可视化类群，但随着维度的增加，可视化类群就越来越困难。K-means 聚类有很多应用，包括模式识别、人工智能、图像处理和机器视觉等。

利用 Map Reduce 计算模型，可以把 K-means 应用到大数据中进行数据挖掘。Map Reduce 形式的 K-means 很简单，每执行一次 Map Reduce 作业时，重新迭代计算中心点，直到中心点不再改变为止。

（三）关联规则

关联规则是一种无监督学习方法，不涉及预测过程，其主要目的在于发现数据之间的关联性。这种方法也被称为购物篮分析。在商业应用中，一个典型的关联问题是对销售事务表进行分析，识别出经常同时出现在同一个购物篮中的商品。通过关联规则，可以确定常见的物品集和规则集，以促进交叉销售的目标达成。

就关联而言，每一条信息都可以认为是一个物品。关联任务的目标是找出经常一起出现的那些物品，并从中确定关联规则。典型的应用场景有两个。

①哪些商品通常会被一同购买。

②喜欢购买了这个产品的顾客会倾向于喜欢购买哪些其他产品。

关联规则挖掘的目标是寻找数据之间"有价值"的关联。"有价值"取决于用来挖掘的算法。关联规则的表达形式是，当点击购买产品 X 时，也倾向于点击/购买产品 Y。在这个过程中，有两个关键阈值用来评估关联规则的重要度，即支持度和置信度。

（四）回归分析

回归任务与分类任务相似，但其目的不是查找描述类别的模式，而是确定数值模式。例如，简单的线性拟合技术就是一种回归任务，其结果是一个函数，可以根据输入值确定输出值。更高级的回归形式支持分类输入和数值输入，而线性回归和逻辑回归是最流行的回归技术。回归任务在解决商业问题方面非常有用，比如可以根据债券的特征预测其赎回率，或者根据气象数据预测风速等。回归关注的是输入变量和结果之间的关系，回归这种现象是拥有较高高度的祖先的后代往往回归到正常的平均水平。具体地说，回归分析有助于了解一个目标变量如何随着属性变量的变化而变化。回归分析的结果可以是连续的或离散的，如果是离散的，还可以预测各个离散值产生的概率。

1. 线性回归

线性回归是回归分析中的一种，是统计学的一种常用方法，它的主导思想是利用预定的权值将属性进行线性组合来表示类别。前面介绍的关联规则分析适用于处理离散型数据，如电子商务交易记录等，但不适用于处理数值型的连续数据。而线性回归正是适合处理数值型的连续数据。线性回归是一个出色、简单、适用于处理数值型连续数据预测的方法，在统计应用领域得到了广泛应用。线性回归也存在缺陷，如果数据呈现非线性关系，线性回归将只能找到一条"最适合"（最小均方差）的直线。线性模型也是学习其他更为复杂模型的基础。

2. 逻辑回归

逻辑回归作为统计学中一种重要的预测模型，其核心功能在于估计特定事件发生的概率。该模型不仅能够预测事件的类别，还能够提供事件发生的可能性大小，这使得它在处理二元分类问题时尤为受到青睐。在逻辑回归的框架下，无论是连续型变量还是离散型变量，都可以作为输入，为模型提供丰富的信息。例如，在面对真与假、批准与拒绝、有回应与无回应、购买与不购买等二元决策时，逻辑回归都能发挥其独特的优势。特别地，当分析者不仅对最终的分类结果感兴趣，还希望了解某一类事件发生的具体概率时，逻辑回归提供了一个理想的解决方案。通过构建合适的逻辑回归模型，可以对事件发生的概率进行精确的预估，从而为决策提供更加细致的依据。

3. 朴素贝叶斯

分类问题中的主要任务是预测目标所属的类别，与聚类不同的是，这里的类别的种类是事先已经定义好的。朴素贝叶斯分类器是一个简单的基于贝叶斯理论的概率分类器，朴素贝叶斯分类器假设属性之间相互独立。或者说，一个朴素贝叶斯分类器假设某个类的特征的出现与其他特征没有关系。虽然这个假设在实际应用中往往是不成立的，但朴素贝叶斯分类器依然有着坚实的数学基础和稳定的分类效率。例如，一个物体可以依据它的形状、大小和颜色等属性被分类成某个类别，即使这些属性之间互相存在依赖关系，朴素贝叶斯分类器也会认为所有的属性之间是无关的。根据概率模型的特征，朴素贝叶斯分类器可以在有监督的环境下有效地进行训练。在朴素贝叶斯模型中，通常输入变量都是离散型的，也有一些算法的变种用来处理连续型变量。算法的输出是概率的打分，通常是 0~1 之间，可以根据概率最高的类来做预测。贝叶斯定理是朴素贝叶斯模型的基础，是以英国数学家贝叶斯的名字命名的，贝叶斯定理用来描述两个条件概率之间的关系。

4. 决策树

决策树是一种常见且灵活的用来开发数据挖掘应用的方法。分类树用于将要预测的数据划分到同质的组中（分配类标签），通常应用于二分或多类别的分类。回归树是回归的变种，通常每个节点返回的是目标变量的平均值。回归树通常被应用于连续型数据的分类，如账户支出或个人收入。决策树的输入值可以是连续的，也可以是离散的，输出是一个用来描述决策流程的树状模型。决策树的叶子结点返回的是类标签或者类标签的概率分数。理论上，决策树可以被转换成类似上文关联规则中的规则。因为决策树可以应用到不同的情境中，所以应用很广泛。决策树的分类规则也很直接，结果容易被可视化展现。因为决策树的决策结果是一系列的"如果……就……"表达式,所以决策树的模型中没有隐含的假设,例如,依赖变量和目标变量之间的线性或非线性关系。

5. 随机森林

在分布式环境中,通常节点要独立地进行计算,且分布式环境中最稀缺的资源是网络。在这样的情况下,训练一个决策树是比较困难的,一种更好的办法是利用集成学习的方法。对于决策树,可以在分布式环境中独立地训练多个决策树,利用多个决策树来分类,最后把结果聚集起来。利用多个决策树来分类的方法称为随机森林。随机森林是一个包含多个决策树的分类器,其输出的类别由树输出的类别的众数而定。为了构建多个不同的决策树,随机森林采用从数据中随机抽样的方法。

(五)预测

预测是数据挖掘中的重要任务之一。它利用时间序列作为输入,通过计算机学习和统计技术对数据进行周期性、趋势性和噪声性分析,以估算未来数列的值。

(六)序列分析

序列分析是一种数据挖掘任务,旨在发现一系列事件中的模式。这些事件可以是 DNA 序列、Web 点击序列或客户购买商品的次序。与时间序列相似,序列数据也包含连续的、有次序的观察值,但不同之处在于序列数据的观察值是离散的状态,而不是数值型数据。

第三节 大数据数据库技术分析

一、大数据数据库技术发展的阶段

数据库技术在从"理论研究"到"实际产品研制和应用"的过程中,逐步形成了良性循环,成为计算机领域的成功典范。这一过程吸引了大量科技人员的关注和投入,推动了数据库研究的不断发展,不断涌现出新技术和新系统,壮大了科技队伍。

自 20 世纪 60 年代中期以来，数据库技术经历了三代演变。数据库技术成为一个内容丰富的学科，主要集中在数据建模和 DBMS 核心技术方面，带动了庞大的软件产业的发展，涵盖了各种 DBMS 产品及相关工具和解决方案。数据库技术作为计算机科学技术中发展最快、应用最广泛的领域之一，已经成为计算机信息系统与应用系统的核心技术和重要基础。

如今，数据库系统已经成为一个庞大的家族，拥有丰富多样的数据模型和不断涌现的新技术。随着应用领域的不断拓展，读者在步入数据库领域时，可能会面对众多复杂的数据库系统，产生困惑和混乱。数据模型作为数据库系统的核心和基础，按照其发展进程，数据库技术可以分为 3 个发展阶段：第一代的网状、层次数据库系统，第二代的关系数据库系统，以及以第三代数据库系统为核心的数据库大家族。虽然层次模型和网状模型是数据库系统模型的两种形式，但它们从体系结构、数据库语言到数据存储管理都具有共同特征，是第一代数据库系统的代表。

（一）一代数据库系统

一代数据库系统，即层次模型和网状数据库系统，标志着数据库技术的初期发展阶段。层次数据库的代表系统包括 IBM 公司研制的 IMS（Information Management System）和美国数据库系统语言协商会（CODASYL）下属的数据库任务组（DBTG）提出的 DBTG 报告。这些系统奠定了数据库技术的基础，为后续数据库系统的发展奠定了重要基础。

层次数据库和网状数据库是数据库技术的先驱，两者都采用了三级模式的体系结构，包括外模式、模式和内模式，并具有独立的数据定义语言和导航的数据操纵语言。它们以不同的数据模型为基础，层次数据库采用分层结构的数据模型，而网状数据库则采用网状的数据模型，两者均使用存取路径表示数据之间的联系。

这两种数据库系统具有以下 4 个共同点。

（1）支持三级模式的体系结构。

主要包括外模式、模式和内模式。这种体系结构可以有效地分离用户视图、逻辑结构和物理存储，提高了数据库系统的灵活性和可维护性。

(2)用存取路径来表示数据之间的联系。

数据库系统不仅存储数据本身,还存储数据之间的联系,这为数据的关联操作提供了便利,提高了数据的组织和管理效率。

(3)独立的数据定义语言。

层次数据库系统和网状数据库系统都有自己独立的数据定义语言,用于描述数据库的各个模式及其之间的映射关系。这种独立性使得数据库的设计和维护更加方便,但也增加了修改的难度。

(4)导航的数据操纵语言。

数据库系统的数据查询和操纵语言是一种导航式的过程化语言,一次处理一个记录。这种语言通常嵌入到某种高级语言中,如 COBOL、FORTRAN、C 语言等,为用户提供了方便的数据操作界面,但也存在一定的编程难度和局限性。

导航式数据操纵语言要求用户指导程序按照预定义的存取路径来访问数据库,每次只能访问一条记录值。尽管这种方法在存取效率上有优势,但编程过程烦琐,给用户带来了困难。它的设计依赖于设计者的经验和实践,只有具有计算机专业水平的应用程序员才能掌握和使用。此外,导航式数据操纵语言的应用程序可移植性较差,数据的逻辑独立性也受到影响。因此,在设计和选择数据库操纵语言时,需要综合考虑其优缺点,以便更好地满足用户需求,提高数据操作的效率和便捷性。

(二)二代数据库系统

关系数据库系统作为二代数据库系统的代表,承载了 20 世纪 70 年代关系数据库理论研究和原型开发的丰硕成果。在这一时代,人们通过大量高水平的研究和开发,奠定了关系模型的理论基础,制定了一致接受的规范说明。同时,关系数据语言的研究取得了重大突破,如关系代数、关系演算、SQL 及 QBE 等,其易学易懂的特点受到用户青睐,为数据库语言标准化铺平了道路。此外,大量 RDBMS 原型的研制攻克了关键技术难题,如查询优化、并发控制、故障恢复等,极大丰富了 DBMS 实现技术和数据库理论,推动了 RDBMS 产品的蓬勃发展与广泛应用。

20 世纪 70 年代,关系数据库系统从实验室走向社会,开启了数据库时代。进入 20 世纪 80 年代，几乎所有新开发的 DBMS 都采用了关系数据库模型。关系数据库系统以关系模型为基础，其核心包括数据结构、关系操作和数据完整性。数据结构方面，通过域和关系的定义来表示实体及实体之间的联系；关系操作方面，采用关系代数等集合操作来实现数据操作，突破了以往一次一记录的方式；数据完整性方面，包括实体完整性、参照完整性和与应用相关的完整性，强调了数据约束的重要性。

关系数据库系统的特点在于形式化基础好、数据独立性强、数据库语言非过程化等。其基于关系模型，不仅简单清晰，而且具备强大的理论基础和语言模型，标志着数据库技术的第二代发展阶段。随着时代的进步，关系数据库系统不断演化与发展，为人们的数据管理提供了稳定可靠的基础支持，成为现代信息社会不可或缺的重要组成部分。

（三）三代数据库系统

二代数据库系统在描述现实世界数据结构和相互联系方面有所局限，仅属于语法模型。然而，随着数据库技术的不断演进，三代数据库系统将以更丰富的数据模型和更强大的数据管理功能为特征，以满足更广泛、更复杂的新应用需求。这种新一代数据库技术的涌现，使得数据库系统呈现出多样化的大家族，与一、二代数据库系统有着明显的区别。这些新型数据库系统包括扩展关系数据模型、面向对象模型、分布式、客户/服务器或混合式体系结构，以及在 SMP 或 MPP 并行机上运行的并行机数据库系统等。此外，针对特定领域的工程数据库、统计数据库、空间数据库等也是新一代数据库系统的重要组成部分。这些系统的涌现为不同领域和应用场景提供了更灵活、更强大的数据管理解决方案，推动着数据库技术的不断创新和发展。

（1）第三代数据库系统应该提供更丰富的对象结构和规则支持，并将数据管理、对象管理和知识管理融合为一体。

与第二代关系数据库系统不同的是，第三代数据库系统不再局限于统一的关系模型，但应保持统一的核心特征，即支持面向对象数据模型。数据模型是数据库发展阶段的基本依据,因此第三代数据库系统应以支持面向对象数据模型为主要特征。

(2) 第三代数据库系统必须保持或继承第二代数据库系统的关键技术。

这意味着必须保持非过程化的数据存取方式和数据独立性,并继承第二代数据库系统已有的技术。这样做不仅有利于支持对象管理和规则管理,还能更好地支持原有的数据管理功能,满足多数用户对即席查询等功能的需求。

(3) 第三代数据库系统必须向其他系统开放。

数据库系统的开放性表现在多个方面:支持数据库语言标准,网络上支持标准网络协议,具备良好的可移植性、可连接性、可扩展性和可操作性等特征。通过这种开放性,第三代数据库系统能够更好地与其他系统进行集成,为用户提供更加灵活、高效的数据管理解决方案,推动数据库技术的进一步发展和应用。

二、大数据数据库技术系统

(一) 主动数据库系统

主动数据库作为一种新技术,在传统数据库的基础上融合了人工智能技术和面向对象技术,以满足在紧急情况下数据库系统能主动适时做出反应的需求。相较于传统数据库的被动性,许多应用场景希望数据库能在必要时采取主动行动,向用户提供相关信息。传统数据库系统仅能 passively 根据用户请求执行操作,难以满足主动性应用的要求,而主动数据库的核心目标即是提供对紧急情况及时响应的能力。

主动数据库通常采用的方法是嵌入事件—条件—动作(ECA)规则,使数据库管理系统能主动监测数据库状态,当某一事件发生时,根据预设条件触发相应动作的执行。为了有效支持 ECA 规则,主动数据库的研究主要集中在以下关键问题上。

(1) 执行模型。

执行模型是对传统数据库系统事务模型的发展和扩展,决定了规则的处理和执行方式。

(2) 条件检测。

条件检测作为主动数据库系统的关键技术之一,其高效求值对提升系统效率至关重要，尤其在面对复杂条件时，如何有效地进行条件检测成为挑战。

（3）事务调度。

与传统数据库系统中的数据调度不同，主动数据库的事务调度不仅需要满足并发环境下的可串行化要求，还需考虑执行时间方面的要求，需要研究对执行时间估计的代价模型。

（4）体系结构。

主动数据库的体系结构通常是在传统 DBMS 基础上扩展而来，增加了事件侦测部件、条件检测部件和规则管理部件等，以支持执行模型和知识模型。

（5）系统效率。

系统效率是主动数据库研究中的重要问题，设计各种算法和选择体系结构时应重点考虑的设计目标，旨在提高系统的整体性能。

（二）模糊数据库系统

模糊数据库系统是一种能够处理模糊数据的数据库系统。传统数据库系统通常处理二值逻辑和精确数据，然而在现实生活中，存在许多不确定和模糊的情况。人们的认知也倾向于处理这些模糊的事件，因为模糊性更能吸引人们的注意力。当事物过于清晰地展现时，人们的好奇心就会减弱。通过将不完全性、不确定性和模糊性引入数据库系统，模糊数据库应运而生。自从模糊逻辑提出以来，人们对这个领域产生了浓厚的兴趣，模糊理论的应用也不断扩大，作为一种流行的数据库形式备受关注，因此研究模糊数据库具有重大意义。

随着模糊数学理论的发展，人们能够用数量来描述模糊事件，并进行模糊运算。在数据库系统中，我们也可以将模糊数学的成果如不完全性、不确定性和模糊性引入，从而构建模糊数据库。模糊数据库的研究主要集中在两个方面：首先是如何存储模糊数据，其次是定义各种运算以及建立模糊数据上的函数。模糊数的表示主要有模糊区间数、模糊中心数、模糊集合数以及隶属函数等形式。

在模糊数据库中，如果把各记录值视为节点，把关系视为节点间的连线，一个模糊数据库就可看成一个复杂的网络。模糊数据库上的操作主要指从某节点到网上其他节点的移动。但由于要涉及很强的指针或游标来指示当前的位置，其复杂性会大大增加，所以发展前景也不乐观。

在模糊层次数据模型中，将树中的各节点"父子关系"和"兄弟关系"的亲密程度通过隶属值来实现。然而与模糊网络数据模型一样，其复杂性也限制了模糊数据库的发展。

模糊关系数据模型中，有元组模糊关系数据模型、模糊关系数据模型、集合值模糊关系数据模型和属性具有加权模糊值的模糊关系数据模型。其中属性具有加权模糊值的模糊关系数据库是一种对一般关系数据库模糊化最彻底的模糊数据库，并且是一种具有广泛应用的模糊数据库。

模糊实体-关系数据模型，可以提供一个模糊 E-R 图，图中直观而形象地描述了模糊数据库，为数据库的设计提供了一个很友好的图形工具。但是，它并没有明确地指明在数据上可以实现的各种操作，在设计时可以在图上设计和修改满意后用相应的转换工具进行转换才行。

在模糊面向对象数据库中，对对象类的定义引入递归的概念，采用面向对象的描述方法，模块化强，结构化程度高，从而便于分层实现，有利于实际系统的开发。但由于目前还不成熟，开发起来有很大的困难。

对象-关系数据模型是结合关系数据模型和面向对象模型一起新发展的一种模型，它具有关系数据模型的强大查询语言的功能，同时也有面向对象的特性，所以是目前建立模糊数据库的最好的选择。

（三）并行数据库系统

并行数据库系统是在并行计算机上运行的具有处理能力的数据库系统，是数据库技术与并行计算技术相结合的产物。随着数据库应用领域的不断拓展，从商业事务处理到超大型规模数据库检索、数据仓库、OLAP 联机数据分析、数据挖掘等领域，对数据库系统处理能力提出了极高的要求，这促进了新一代高性能数据库系统——并行数据库系统的研发。

近年来，随着微处理机技术和磁盘阵列技术的进步，出现了许多商品化的并行计算机系统，如 Sequent、Tandem、Teradata 和曙光机等。这些系统利用多个廉价的微处理机协同工作，大大提高了性价比，并广泛采用磁盘阵列技术，增加了 I/O 的带宽，有效解决了应用中的 I/O 瓶颈问题。

并行处理技术与数据库技术相结合具有潜在的可行性。由于关系数据库是元组的集合，数据库操作实际上是集合操作，因此具有潜在的并行性。并行计算技术利用多处理机并行处理带来的规模效益，提高系统整体性能，为数据库系统提供了良好的硬件平台，形成了并行处理技术与数据库技术相结合的新技术——并行数据库系统。

并行数据库研究以三种并行计算结构为基础，包括共享内存（SM）、共享磁盘（SD）和无共享资源（SN）结构。自并行数据库概念提出以来，国外许多研究机构陆续研制了各种结构平台上的并行数据库原型系统，如加州 Berkeley 大学的 XPRS 系统、Colorado 大学的 Volcano 系统、Wisconsin 大学的 Gamma 系统等。这些系统探索了并行数据库理论和实践中的重要问题，为并行数据库的发展奠定了坚实基础。同时，传统数据库厂商如 Teradata、Tandem、Oracle、Sybase、Informix 等也在开发自己的并行数据库系统，推动着并行数据库技术的不断进步。

（四）分布式数据库系统

集中式数据库系统有其优点，例如价格相对合算、易于管理和能够完成大型任务。但随着数据库应用的发展和规模的扩大，集中式系统也显现出了一些不便之处，如复杂的设计和操作、系统的不灵活性和安全性较差等。因此，分散式系统逐渐成为一种解决方案，通过将数据库分散到多台计算机上，实现数据库管理和应用程序的分离，从而提高了灵活性和安全性。随着计算机网络通信的发展，分散式系统进一步演变为分布式数据库系统（DDBS）。DDBS 综合了集中式和分散式系统的优点，由多台计算机组成，通过通信网络连接起来。在分布式数据库环境中，每个节点都具有高度的自治性，当不需要访问其他节点的数据时，它表现为一个独立的集中式数据库系统。因此，分布式数据库系统不仅具有分布性，还具有高度自治性，相互之间形成了一系列独立但相互合作的关系。这种系统具有许多重要的特性和优点，为数据库管理和应用程序开发提供了更灵活和安全的环境。

1. 复制透明性

复制透明性使得数据在不同场地之间可以进行复制，以提高系统的查询效率。虽然数据的复制可以加快应用程序的运行速度，但同时也带来了数据一致性维护的挑战，因为更新操作需要涉及所有复制的数据库，增加了系统的开销。尽管如此，总体来说，复制透明性能够显著提升系统的查询效率，从而提高用户体验。

2. 位置透明性

位置透明性使得用户和应用程序不需要关心所使用的数据位于何处，无论数据是在本地数据库还是外地数据库，用户都可以无感知地访问。这种特性大大简化了应用程序的开发和维护，用户不必关注数据的具体位置，即使数据迁移或者位置发生变化，也不需要对应用程序进行修改，为用户带来了极大的便利。

然而，分布式数据库系统也面临着一些挑战，主要体现在效率和灵活性方面。尽管数据可以存储在常用地点以减少响应时间和通信代价，但通信开销仍然是一个重要的问题。另外，数据的安全性和保密性也较难保证，特别是在具有高度场地自治的分布式数据库系统中，局部数据库管理员可能认为其管理的数据相对安全，但全局数据的安全性则难以保证。数据安全性问题是分布式系统的固有挑战，因为通过网络实现分布式控制，通信网络本身存在着安全弱点，容易受到黑客攻击，因此网络安全性显得尤为重要。

（五）面向对象数据库系统

数据库研究的一个重点是关系数据库的实现和应用。关系模型因其易于理解的关系模式和熟悉的关系表操作而广受欢迎，且具有较高的效率。然而，关系模型在表达更复杂的语义方面存在局限，尤其是在处理数据类型多样和结构复杂的领域时，如 CAD 数据库中的设计数据，这些数据包含了复杂的关系和多种数据类型。在关系数据库系统中处理这类复杂数据对象通常需要专门的应用程序将其分解，以便能够在二维表中存储。

面向对象的数据库（OODB）则能够以自然的方式存储这些数据和相关过程，使得数据检索变得更加方便。在面向对象的方法中，对象作为描述信息实体的统一概念，将数据和操作封装为一体，通过方法、类、继承、封装和实例化等机制实现信息的存储和描述。对象可以直观地表达复杂的数据结构，并通过封装操作来增强数据处理能力。因此，面向对象的概念被广泛引入数据库系统的研究和建立，从而产生了面向对象数据库。

面向对象数据库的实现通常有两种方法。

①基于纯粹的面向对象技术构建数据库。

②在现有的关系数据库基础上增加对象管理功能，形成面向对象数据库。

由于面向对象数据库中的对象标识符、类和继承等概念的存储和管理实现起来成本较高，第一种方法的实现成本较为昂贵。因此，许多人转而关注改造和优化现有的关系数据库，这种基于关系数据库的面向对象数据库被称为对象关系数据库。

对象关系数据库增强了关系数据库的数据管理能力，它不仅改进了关系数据库，也是对象数据库理论的一种实践应用。对象关系模型在关系数据模型的基础上增加了对复杂数据类型的支持。在这种数据库中，元组的属性可以是复杂的数据类型，从而扩展了数据库系统的建模能力，同时保留了现有的成熟数据模型。

基于对象关系模型的数据库系统为用户提供了一种便利的操作途径，允许用户根据应用需求扩展数据类型和函数，支持复杂数据类型的存储和操作。对象关系数据库系统整合了关系数据库的优点和面向对象数据库的建模能力，是目前关系数据库系统发展的一个重要方向。

三、大数据数据库系统的新技术

（一）NoSQL 数据库

随着互联网的迅猛发展，Web 2.0 背后的许多大型网站所面临的数据量已经达到了前所未有的规模，这对数据管理技术提出了更高的要求。

①管理海量数据。对于许多大型网站应用，如搜索引擎，需要处理庞大的数据

集,这些数据量通常达到 PB 级别。

②保证高响应速度。用户满意度很大程度上取决于应用程序的响应速度。

③控制低成本。在构建大规模应用系统时,必须从一开始就谨慎考虑投资风险,过高的成本往往伴随着较大的风险。

与此同时,传统的关系数据库系统在处理超大规模数据集时遇到了越来越多的挑战,暴露出一些难以解决的问题。

①扩展性差,容量有限。由于其内在机制的限制,关系数据库系统难以实现大规模扩展,这导致其数据存储容量受限。

②响应速度慢。关系型数据库系统实现的逻辑非常复杂,当数据量增长到一定规模时,其处理速度会显著下降。

③成本高昂。构建商业数据库系统通常需要较高的成本,尤其是对于大规模数据库系统,这显然不利于在投资时规避风险。

为了应对大规模数据管理带来的新挑战,NoSQL 数据库系统应运而生。由于其易于扩展、快速响应和低成本的特性,NoSQL 数据库系统与网站应用的需求高度契合,并在近年来得到了迅速的发展。NoSQL 数据库系统包括键值存储数据库、列族存储数据库、文档存储数据库、图形数据库和时间序列数据库等类型,目前市场上的 NoSQL 数据库产品种类已经超过 200 种。

1. 理论基础

为了解决分布式系统上的各种问题,NoSQL 数据库系统需要重新设计和考量数据一致性问题,因为传统关系数据库所要求的强一致性在分布式环境下将成为一条难以逾越的鸿沟。下面首先介绍最终一致性的概念,然后介绍 CAP 理论和 BASE 理论。其中 CAP 理论和 BASE 理论是 NoSQL 数据库的重要理论基础。

(1)最终一致性。

在分布式系统中,数据复制是一个关键问题,它对于系统的性能和可靠性具有重要影响。由于网络通信速度的限制,分布式环境下不同节点间的数据库复制存在一定的时延。数据复制的目的主要有两个:一是为了提高系统的可用性,防止单点故障导致整个系统不可用；二是为了提升系统的整体性能，通过负载均衡技术，使得分布在不同节点上的数据副本都能够为用户提供服务。

尽管数据复制在提升可用性和性能方面具有显著优势，但它也引入了分布式一致性问题。所谓的分布式一致性问题，指的是在分布式环境中，由于数据复制机制的引入，不同数据节点之间可能出现的数据不一致情况，且这种不一致问题无法仅靠程序自身解决。简单来说，当对一个节点的副本数据进行更新时，必须确保所有其他副本也能同步更新，以避免副本间数据的不一致。

为了解决这一问题，可以采取以下策略：在任一节点上执行更新操作时，不是立即确认更新成功，而是先将更新操作的结果传播到其他所有节点，等到所有远程节点的数据更新完成后，才确认本地更新操作成功。这种方法虽然确保了每次更新都能使所有副本保持一致，但可能会因为远程节点故障或网络通信问题导致更新操作失败或超时，严重影响了系统的可用性和响应速度。

由于在分布式系统中实现完美一致性存在诸多挑战，研究者们提出了最终一致性的概念，这是一种折中方案。以下是不同一致性级别的比较。

①强一致性。这是传统关系数据库中通过事务机制实现的数据一致性，它要求最高级别的数据一致性，但实现起来对系统性能的影响较大。

②弱一致性。在这种一致性模型下，系统在完成数据更新后，不保证所有用户立即看到更新后的数据，但会尽快使数据达到一致状态。弱一致性确保了分布式系统的高可用性，但用户查询到的数据可能不是最新的。

③最终一致性。作为弱一致性的一种特殊情况，它保证了经过一段不确定的时间后，系统中的所有数据副本将达到一致的状态。

（2）CAP 理论。

CAP 理论，也称为布鲁尔定理（Brewer's theorem），是分布式计算领域中的一个基本概念。它指出，在分布式系统（如计算机网络）中，不可能同时满足以下 3 个特性。

①一致性。在分布式系统中，一致性意味着所有的节点在同一时间看到的数据

是相同的。如果一个节点更新了数据，其他所有节点必须立即反映这一变化。

②可用性。系统提供的服务必须一直处于可用的状态。对于用户的每一个操作请求总是能够在"有限的时间内"返回结果。这个有限时间是系统设计之初就指定好的系统运行指标。返回的结果指的是系统返回给用户的一个正常响应结果，而不是"内存错误"或者"超时错误"之类的系统错误信息。

③分区容错性。分布式系统在遇到任何网络分区故障的时候，仍然需要保证对外提供满足一致性和可用性的服务，除非是整个网络环境都发生了故障。组成分布式系统的每个节点都可以看成是一个特殊的网络分区。

一个分布式系统无法同时满足上述的三个性质，最多只能同时满足两个，这就意味着设计和开发人员需要进行权衡。

选择一致性和可用性，放弃分区容错性，即 CA 类型：将所有数据都放在一个分布式节点上，集中式系统就是一个典型的例子，这种选择除了放弃分区容错性，同时也放弃了系统的可扩展性。

选择一致性和分区容错性，放弃可用性，即 CP 类型：一旦部分系统遭遇故障，就需要等待故障恢复，在恢复期间无法对外提供正常的服务。

选择可用性和分区容错性，放弃一致性，即 AP 类型：这里的放弃一致性是指放弃数据强一致性。

而保留数据的最终一致性，即系统无法在每时每刻都保证数据处于一致的状态，但能够保证在一个限定的时间窗口内，数据最终能够达到一致的状态。

对于分布式系统而言，分区容错性是一个最基本的要求，因为分布式系统中的组件必然需要部署到不同的节点，形成网络划分。因此分布式系统只能在 C（一致性）和 A（可用性）之间进行权衡。

（3）BASE 理论。

BASE 理论是对分布式系统中一致性和可用性权衡的结果，是 CAP 理论的一种演化。它包括基本可用、软状态和最终一致性 3 个主要特点。

①基本可用。在分布式系统发生故障时，系统允许部分可用性的损失，但核心

功能仍然可用。举例来说，即使搜索引擎在出现故障时响应时间增加，但仍然能够返回查询结果，或者在网页访问量激增时，对部分用户提供降级服务。

②软状态。指系统允许存在中间状态，并且该中间状态不会影响系统整体可用性，即在数据副本同步的过程中存在一定的延迟。

③最终一致性。指系统中的所有数据副本经过一段时间后能够达到一致的状态，而不需要实时保证数据的强一致性。这种一致性是在弱一致性下的一种特殊情况。

BASE 理论的核心思想在于，即使无法实现强一致性，系统仍然可以通过适当的方式达到最终一致性。相比之下，ACID 是传统数据库常用的概念设计，其追求强一致性。

2. 常见产品

（1）Redis。

Redis 是一个使用 C 语言编写的、支持网络、可基于内存或者可持久化的、开源的、日志型的键值数据库管理系统，提供多种语言的接口，其特点如下。

①数据类型。Redis 之所以常被称为数据结构服务器，是因为它支持的数据值类型包括字符串、哈希、列表、集合和有序集合，这 5 种类型为数据操作提供了极大的便利。

②性能。Redis 数据库因其完全在内存中运行，处理速度极为迅捷。在性能方面，Redis 的读取和写入速度分别可达到约 11 万次/s 和 8.1 万次/s。

③持久化。Redis 提供了两种数据持久化机制：定时快照（snapshot）和追加文件（append only file， AOF）。这两种方式使得 Redis 能够将内存中的数据保存到磁盘上，从而在系统崩溃等突发情况下能够快速恢复数据。

④CAP 原则。在 CAP 原则的框架下，Redis 属于 CP 类型，即它选择保证一致性和分区容错性，而牺牲了一定的可用性。

Redis 的优点如下。

①提供了丰富的数据结构。

②支持事务功能，确保一系列操作的原子性，保证了操作的连续性和不可分割

性。

③由于数据存储在内存中,因此具有极高的读写速度。

作为内存数据库,Redis 特别适合于数据量相对较小的应用场景,如会话缓存、消息队列、全网页缓存,以及订阅/发布系统等。

(2)HBase。

HBase 是一个分布式的、开源列存储数据库。HBase 在分布式计算平台 Hadoop 之上提供了类似于 BigTable 所提供的分布式数据存储的功能。不同于一般的关系数据库,它是一个适合于非结构化数据存储的数据库,其存储模式是基于列的而不是基于行的。其特点如下。

①数据类型。HBase 适合存储非常稀疏的数据,包括非结构化或半结构化数据。HBase 之所以能够高效地存储这类数据,是因为它采用了列存储机制,与此相对,传统的关系数据库管理系统(RDBMS)通常采用行存储机制。在列存储机制中,对于空值的存储不占用任何空间,这使得 HBase 在处理稀疏数据时更为高效。

②性能。HBase 拥有出色的扩展性,能够满足大型应用的高性能要求和海量数据管理任务。此外,HBase 的负载均衡功能也表现良好,能够有效保障系统的运行性能。

③持久性。HBase 通过其预写日志(write-ahead log,简称 WAL)提供了一种高并发且持久的日志记录与回放机制。对于每个业务数据的写入操作(无论是 PUT 还是 DELETE),在执行前都会先记录在 WAL 中。如果 HBase 服务器发生故障,系统可以从 WAL 中恢复并重新执行那些未完成的写入操作。

④CAP 原则。根据 CAP 原则,HBase 属于 CP 类型,即它优先保证了一致性和分区容错性,而在可用性方面则提供了基本的保证。

HBase 的优点如下。

①底层基础。HBasc 管理的数据由底层的 HDFS 自动进行了冗余备份,HDFS 集群的安全性和海量数据的存储管理能力非常优秀。

②扩展性。HBase 本身的数据读写服务没有节点数的限制,服务能力可以随服

务器的增长而线性增长,达到成百上千的规模。

③性能。LSM-tree(log-structured merge tree,日志结构合并树)索引机制的设计让 HBase 的写入性能非常良好,单次写入通常在 1 至 3 ms 内即可响应,并且性能不随数据量的增长而下降。

④负载均衡。Region(相当于数据库的分表)可以毫秒级动态地切分和移动,保证了负载均衡性。

⑤访问效率。由于 HBase 的数据模型是按 Rowkey(行主键)排序存储的,每次读取时会将连续的整块数据作为缓存,因此良好的 Rowkey 设计可以让批量读取变得十分容易,甚至只需要一次 I/O 就能获取几十上百条用户想要的数据。

HBase 的主要应用场景包括海量数据管理,以及有快速随机访问需求,需要较好的动态扩展能力,业务简单,不需要 RDBMS 诸多特性(事务、连接等)的场景。

(3)MongoDB。

MongoDB 作为一种高性能、开源的文档型数据库管理系统,在许多场景下可以替代传统的关系型数据库管理系统或键值存储数据库管理系统。其主要特点包括数据格式、性能和持久化。

①数据格式。MongoDB 采用了文档型数据的抽象,其中的文档以 BSON(二进制 JSON)格式进行存储。BSON 是一种轻量级的二进制数据格式,相比 JSON 格式,它在存储效率上更加高效,且编码和解码速度更快。即使在最坏的情况下,BSON 格式也比 JSON 格式的最优情况具有更高的存储效率。

②性能。MongoDB 采用内存映射引擎作为存储引擎,在启动时将所有数据文件映射到内存中,由操作系统托管所有磁盘操作。MongoDB 的内存管理代码简洁高效,许多任务由操作系统执行,这有助于提高系统的整体性能。此外,MongoDB 支持各类索引,并且具有优异的查询性能。其查询优化器能够生成高效的查询计划,进一步提升了查询效率。

③持久化。MongoDB 在 1.8 版本之后开始支持 journal(redo log),用于故障恢复和持久化。当系统启动时,MongoDB 会将数据文件映射到一块内存区域,称之为

shared view。在不开启 journal 的系统中,数据直接写入 shared view。系统每 60 s 将该内存区域的数据写回磁盘,防止断电或宕机时丢失大量数据。当系统开启了 journal 功能,系统会再映射一块内存区域供 journal 使用,称之为 private view。MongoDB 默认每 100 ms 刷新 private view 到 journal,当断电或宕机发生时,丢失的只是 100 ms 内的更新数据。

(二)数据仓库

数据仓库是企业信息化建设中的关键组件,它专门设计用于支持企业决策制定过程。数据仓库的核心功能是存储和管理来自企业各个业务系统的数据,并将这些数据转换成有用的信息,以便于分析和报告。

1. 结构组成

数据仓库由数据仓库数据库、数据抽取/转换、元数据、访问工具、数据集市、数据仓库管理和信息发布系统 7 个部分组成。

(1)数据仓库数据库。

数据仓库数据库是数据仓库环境的核心,承载着海量数据并提供快速的检索技术,与传统事务型数据库相比,其特点更加突出。

(2)数据抽取/转换。

数据抽取/转换环节负责从各种存储方式中提取数据,并进行必要的转换和整理,以满足决策应用的需求,包括删除无意义数据、统一命名定义、计算统计数据等。

(3)元数据。

元数据是数据仓库的中枢,描述着其中的数据信息,为数据仓库的运行和维护提供支持,也为用户提供了解和访问数据的途径。

(4)访问工具。

提供了各种工具以便用户访问数据仓库,包括数据查询和报表、应用开发、管理信息系统、OLAP、数据挖掘等功能。

（5）数据集市。

数据集市的划分则有助于数据仓库的负载均衡，将数据仓库分为多个数据集市，逐步完善整个数据仓库系统，提高应用效率。

（6）数据仓库管理。

数据仓库管理包括安全和特权管理、数据更新跟踪、数据质量检查、元数据管理和审计报告等多个方面，确保数据仓库的安全、稳定和高效运行。

（7）信息发布系统。

信息发布系统将数据仓库中的数据或其他相关数据发送给不同的地点或用户，基于 Web 的信息发布系统尤其适用于多用户访问场景，有效地满足了信息分发的需求。

2. 数据模型

数据模型不仅定义了数据的组织方式，还决定了数据的存储结构和查询效率。数据仓库的数据模型主要分为概念模型和逻辑模型两大类，它们共同构成了数据仓库的架构基础。

概念模型是数据仓库设计阶段的起点，它以一种抽象的方式描述了数据仓库中的数据内容和数据之间的关系。这种模型通常与关系型数据库的概念模型相似，因为它们都基于实体-关系模型来构建。概念模型为数据仓库提供了一个全局视图，帮助设计者理解数据的业务含义和数据之间的联系。

逻辑模型更加具体，它定义了数据在数据库中的存储结构。在多维数据仓库中，逻辑模型的研究尤为关键。事实表和维度表是逻辑模型中的两个核心组成部分。事实表负责存储度量值或事实的详细数据，它们通常包含大量的行，并且以数字数据为主。这些数字信息可以被汇总，为决策者提供历史数据。事实表的设计应避免包含描述性信息，其主要包含数字度量字段和与维度表关联的索引字段。

维度表提供了分析数据的窗口，它包含了事实表中事实记录的特性。维度表中的特性不仅提供描述性信息，还指定了如何汇总事实表数据。维度表中的层次结构是其重要特征，它允许用户按照不同的维度对数据进行汇总和分析。例如，一个产品维度表可能包含将产品分类的层次结构,从而允许分析者根据产品类别进行数据分析。

数据仓库的逻辑模型还包括了星型模型、雪花型模型和星型-雪花型模型等多维模型。这些模型都是以事实表为中心,不同之处在于维度表之间的关联方式。星型模型以其简单的结构和高效的查询性能而受到青睐,而雪花型模型则通过规范化维度表来提高数据的完整性和灵活性。星型-雪花型模型则结合了星型模型和雪花型模型的特点,提供了一种折中的解决方案。

(1)星型模式。

在星型模式中,每个维度对应一个单独的维度表,维度之间的层次关系通过维度表内的字段来表示。与某个事实相关的所有维度都直接通过其对应的维度表与事实表相连接。维度表的主键联合起来构成了事实表的主键,而每个维度表的主键同时也是事实表的一个外键。星型模式有如下特点。

①维度表非规范化。维度表中保存了所有与维度相关的层次信息,这样做虽然提高了查询效率,但降低了数据共用性。

②事实表非规范化。由于所有维度表都直接与事实表相连,这同样提高了查询效率,但由于数据冗余的存在,与事实表相连的维度表数量受限。

③维度表和事实表的联系类型受限。维度表的主键作为外键出现在事实表中,这限制了它们之间的联系只能是一对一或一对多,对于多对多的联系,星型模式则不适用。

(2)雪花型模式。

雪花型模式是星型模式的扩展,它通过对维度表进行规范化(分解),使用多个表来描述维度的层次结构,并通过这些维度表之间的关联来实现维度的层次。雪花型模式有如下特点。

①维度表规范化。通过规范化,实现了维度表的重用,简化了维护工作,但这可能会降低查询效率。

②维度表关联。在雪花型模式中,某些维度表不直接与事实表关联,而是与其

他维度表关联，尤其是对于派生维度和实体属性维度，这样可以减少事实表中的记录数。

③支持多对多联系。雪花型模式可以通过维度表之间的关联来实现维度表和事实表之间的多对多关系。

（3）星型-雪花型模式。

星型模式结构简单，查询效率高，但维度表之间的数据共用性差，限制了事实表能够关联的维度表数量。雪花型模式通过规范化维度表增加了数据共用性，但可能会降低查询效率。两种模式各有优势和局限，但可以相互补充。

在星型-雪花型模式中，数据仓库由多个主题构成，包含多个事实表，而维度表则是共享的，这种模式有时也被称为星系模式。星型-雪花型模式有如下特点。

①结合了星型模式和雪花型模式的优点，在保持星型模式简单高效的查询性能的同时，对部分维度表进行规范化，提取出一些公共维度表。

②打破了星型模式中每个事实表单一的限制，允许多个事实表共享全部或部分维度表，既保证了较高的查询效率，又简化了维度表的维护工作。

（三）联机分析处理

联机分析处理（OLAP）是一种用于快速分析和理解大量数据的数据库技术。它通过提供多维数据视图和聚集操作，使得用户能够从不同角度观察数据，从而快速获取关键信息和洞察。

1. 数据模型

按照存储器的数据存储格式，OLAP 系统使用的数据模型可以分为 ROLAP、MOLAP 和 HOLAP 3 种。

（1）ROLAP。

ROLAP 将多维数据存储在关系数据库中，并通过定义实视图的方式将高频、高计算工作量的 SQL 查询作为表存储在关系数据库中。它主要依赖软件工具或中间软件实现，采用关系数据库的存储结构。ROLAP 将多维数据映射成关系表中的行，包括事实表和维度表。

(2) MOLAP。

MOLAP 将多维数据以多维数组的形式在物理上存储，形成立方体结构，通过多维数组的存储引擎展示数据的多维视图。MOLAP 存储结构从物理层实现起，因此也称为物理 OLAP。相对于其他数据模型，MOLAP 具有更快的查询速度和更易于用户理解的优势。

(3) HOLAP。

HOLAP 将 MOLAP 和 ROLAP 的优点结合起来，实现了 ROLAP 的可规模性和 MOLAP 的快速计算。它既能处理大规模数据，又能提供快速的计算功能。HOLAP 的出现填补了 MOLAP 和 ROLAP 各自存在的缺陷，为 OLAP 应用提供了更加灵活和高效的解决方案。

2. 基本操作

OLAP 多维分析的基本操作有切片、切块、旋转、聚合、钻取等。在实际 OLAP 应用中，OLAP 需要对组织好的数据进行各种基本操作，使得用户能够从多个角度、多个侧面观察数据库中的数据，更加深刻地理解数据，发现数据中的有用信息。

(1) 切片。

切片操作是选定多维数组的一个二维子集来分析数据。切片是在某个或某些维上选定一个属性成员，而在其他维上取一定区间的属性成员或全部属性成员来观察数据的一种分析方法，即在多维数组的某两个维上分别选取一定区间或全部的维成员，而在其他维上均选定一个维成员。进行切片操作的目的是降低多维数据集的维度，以更好地了解多维数据集。它舍弃了数据的其他观察角度，可以使人们将注意力集中在一个二维子集内重点观察数据。

(2) 切块。

切块操作是选定多维数组的一个三维子集来观察数据，即在多维数组的某三个维上分别选取一定区间或全部的成员属性，而在其他维上均选定一个成员属性。进行切块操作的目的是降低多维数据集的维，以更好地了解多维数据集，使人们能将注意力集中在较少的维上进行观察。

(3) 旋转。

旋转操作降低多维数据集的维，以更好地了解多维数据集，使人们能将注意力集中在较少的维上进行观察。进行旋转操作的目的是通过改变维的位置得到不同视角下的数据，使用户直观并多角度地查看数据集中不同维之间的关系。

(4) 聚合。

聚合操作是通过一个维的概念分层向上攀升或者通过维归约，在数据立方体上进行聚集得到的结果。进行聚合操作的目的是实现高层次的数据汇总，呈现整体与部分的关系。

(5) 钻取。

钻取操作是聚合操作的逆操作，指改变维的层次，变换分析的粒度。它包含向下钻取和向上钻取/上卷操作，钻取的深度与维所划分的层次相对应。进行钻取操作的目的是在不同的综合层次上观察数据。

四、大数据数据库的安全管理

（一）数据库安全系统层次

数据系统的安全和网络运行环境，及自身系统安全系数有直接的关系，所以，可以将数据库的安全防范分为网络系统、数据库系统等几个层次。各个层次相互影响，相互作用，构成了一个统一的整体。

1. 网络系统层次

在信息化时代背景下，数据库安全系统的重要性日益凸显，它不仅是数据库稳定运行的守护者，更是数据完整性与保密性的关键防线。网络系统的安全性直接关联到数据库的安全，因此，加强网络系统的安全防护是确保数据库安全的前提。

网络攻击对数据库安全的威胁日益严峻，攻击者通过各种手段入侵网络系统，进而对数据库进行破坏，这种行为已经成为网络安全领域的一大难题。由于网络攻击的隐蔽性和跨地域性，使得防御工作变得更加复杂。因此，采取有效的网络安全技术措施，构建坚固的防御体系，对于保护数据库安全具有重要意义。

（1）防火墙技术作为网络安全的第一道防线，其作用不容小觑。通过精心配置的防火墙，能够有效监控和过滤网络流量，拦截非法访问和恶意攻击，为数据库提供一道坚固的安全屏障。防火墙的部署应基于对网络流量特性的深入理解，以及对潜在威胁的准确预判，以确保其能够有效地执行安全策略。

（2）入侵检测技术则是网络安全的第二道防线，它通过实时监控网络活动，分析系统日志，能够及时发现异常行为，为安全团队提供宝贵的反应时间。入侵检测系统需要具备高度的敏感性和准确性，以区分正常的网络行为和潜在的攻击行为，减少误报和漏报，确保数据库的安全。

除了上述技术外，数据库安全还应包括数据加密、访问控制、安全审计等多个方面。数据加密可以保护存储在数据库中的信息，即使数据被非法访问，也无法被轻易解读。访问控制则确保只有授权用户才能访问敏感数据，从而减少了数据泄露的风险。安全审计则通过记录和分析用户行为，为安全事件的追踪和取证提供了重要依据。

在维护数据库安全的过程中，还应重视人员的安全意识培训，提高他们对网络安全威胁的认识，培养良好的安全操作习惯。同时，定期的安全评估和漏洞扫描也是不可或缺的，它们可以帮助发现并修复潜在的安全漏洞，加强数据库的安全防护。

2. 宿主操作系统层次

在确保数据库系统安全方面，宿主操作系统层次的安全技术至关重要。为了有效应对各种安全问题，必须根据实际情况制定相应的安全管理策略。由于每个数据库运行环境都存在差异，因此所采取的安全措施必须具有针对性。操作系统安全措施主要应用于本地计算机的安全设置，其中包括密码管理、用户权限等方面。具体而言，可以重点关注以下3个方面内容。

（1）用户账户的管理至关重要。

用户账户作为用户登录的凭证，只有合法用户才能注册账户。因此，建立健全的用户账户管理机制是保障系统安全的首要步骤。这包括确保用户身份验证的严密性，采取多因素身份验证等技术手段，以防止非法用户的入侵。

（2）系统访问权限的控制是操作系统安全的核心内容之一。

只有指定用户才能拥有访问权限，其他用户应被限制在其所需的最低权限范围内操作系统。这样可以最大程度地降低系统被未授权用户访问的风险，有效保护系统中的数据和资源不受损害。

（3）审计是操作系统安全管理的重要组成部分。

通过及时跟踪和了解用户信息，系统管理员可以有效分析系统访问状况，并进行事后的跟踪调查。这种审计机制不仅有助于发现潜在的安全漏洞和异常行为，还可以为进一步加强系统安全提供重要参考。

3. 数据库管理系统层次

在当前的信息技术领域，关系型数据库管理系统被广泛采用，它们通过表格、行和列的组织形式来存储和管理数据。然而，这种管理方式在处理数据关系时可能会暴露出安全漏洞，为不法分子提供了可乘之机。一旦数据库遭受攻击，不法分子可能使用各种手段非法获取或篡改数据库中的敏感信息，这不仅损害了数据的完整性，也对整个数据库系统的安全性构成了严重威胁。

为了提升数据库系统的安全管理水平，采取多层次加密策略显得尤为必要。这种策略需要根据数据库的具体情况，设计出一套科学合理的加密机制，以确保数据在存储、传输和处理的每一个环节都能得到有效的保护。通过层层加密，可以大大增加不法分子破解数据的难度，从而提高数据库的安全性。

（1）从操作系统（OS）层加密入手。

在 OS 层无法对数据进行分析和辨识，因此无法生成有效的密钥，从而影响了数据安全管理。尽管在小型数据库上实现了 OS 层加密，但对于大型数据库来说，OS 层加密技术仍然存在较大的难度。

（2）对数据库管理系统（DBMS）的内核层和外层进行加密。

内核层加密是指在数据被物理存储之前，对 DBMS 的核心部分进行加密，这一过程不仅功能强大，而且不会对 DBMS 的正常运行造成干扰。通过内核层加密，可以实现数据与系统的高效融合,增强了数据库的整体安全性。但是,这种加密方式也意味着系统需要承担更高的负载,可能需要额外的端口或服务器支持,这无疑增加了资金和技术的投入。

与内核层加密相比,外层加密则显得更为简便,它主要依赖技术人员对外层数据进行加密处理,以实现数据的安全保护,且成本相对较低。随着网络信息技术的广泛应用,数据库的安全问题日益受到重视。为了增强网络数据库的安全稳定性,必须综合运用多种数据库安全技术,充分发挥网络资源的优势,有效应对网络环境中可能出现的各种问题。这对于广大数据库从业者而言,是一个亟待思考和解决的课题,需要他们不断地进行研究和探索,以适应新时代网络发展的新要求。

(二)数据库安全技术的完善

1. 严格的用户身份认证

在现代计算机网络环境中,数据库的安全技术不断优化升级,其中用户身份的严格认证是保障数据库安全的关键环节。随着多用户访问数据库成为常态,数据库的安全问题日益凸显。为了有效应对这一挑战,强化用户身份验证机制显得尤为迫切,确保仅有获得授权的用户能够访问和操作数据库,以此增强数据库的安全性与稳定性。

用户身份认证的严格性体现在多个层面,涵盖了从登录网络系统到连接数据库,再到数据对象选择的整个流程。在用户登录网络系统时,首要步骤是核实其提供的用户名和密码的准确性,这是身份验证的基础。随后,在用户尝试连接计算机网络数据库的过程中,管理系统需对用户身份进行复核,以验证其是否拥有相应的访问权限。此外,在用户选择数据对象时,应根据用户权限的不同,设置相应的数据对象权限,以维护数据的安全性和完整性。这一连串的措施共同构成了一个强有力的用户身份保护机制,显著提升了计算机网络数据库的安全性能和可信度。

严格的身份认证机制不仅能适应多用户同时登录的需求,还能有效预防非法访问的风险。通过统一的身份认证体系,可以构建起一个稳固的安全架构,确保数据库仅对合法授权用户开放,从而减少数据库遭受攻击或不当访问的可能性。这种策略的实施,不仅增强了数据库的稳定性和安全性,也为用户营造了一个更加安全、可靠的数据管理环境。

在实际应用中,身份认证可以通过多种技术手段实现,如一次性密码、生物识别技术、智能卡等,这些技术的应用进一步提高了认证过程的安全性。同时,随着云计算和大数据技术的发展,数据库身份认证也在向更高层次的安全要求迈进,以适应不断变化的网络威胁。

为了实现更高效的身份认证,可以采用多因素认证方法,结合用户知识(如密码)、用户拥有的物品(如智能卡或手机)以及用户的生物特征等多种认证方式,形成一个综合防护体系。这种多因素认证不仅增加了非法用户的破解难度,也为合法用户提供了更加灵活便捷的认证途径。另外,定期的安全审计和漏洞扫描也是保障数据库安全的重要措施。通过定期检查,可以及时发现并修复安全漏洞,防止潜在的安全威胁。同时,对用户的访问行为进行监控和记录,可以有效追踪不当访问行为,为事后的安全分析和责任追究提供依据。

2. 及时进行加密工作

在确保计算机网络数据库的安全与稳定性方面,实施及时的加密措施显得尤为关键。计算机网络数据库加密的核心在于通过强化加密程序,对存储于数据库中的数据进行全面且可靠的保护。这涉及应用特定的算法对数据进行加密处理,提供给用户一个可以执行加密操作的界面。在这一过程中,确保用户能够掌握相应的解密技术,以便在需要时能够还原原始信息,获取完整且精确的数据,是至关重要的。

为了有效推进计算机网络数据库的加密工作,对加密系统的优化和科学化改进是必不可少的。这包括对数据进行规范化的转换处理,以确保加密后的数据在解密过程中能够被准确无误地读取和理解。此外,加密机制的设计应确保只有经过授权的用户才能访问到加密后的数据,从而有效防止未授权用户的非法获取,保障了数据库的安全。

加密技术的运用,不仅能有效阻止未授权的访问者获取敏感数据,保护数据库的隐私和安全，而且在数据传输过程中，它还能够防止数据被非法窃取或篡改，增强了数据传输过程的安全性。因此，加密工作是计算机网络数据库安全保障策略中的重要组成部分，它需要不断地进行开展和优化，以适应安全威胁的不断变化和技术挑战的持续演进。

在实施加密措施时，还需要考虑到加密算法的选择和密钥管理的安全性。选择合适的加密算法，可以平衡安全性和效率，同时，密钥的安全管理是加密体系中的另一个关键点。密钥的泄露或丢失都可能导致整个加密体系的崩溃，因此，必须采取严格的密钥管理措施，包括密钥的生成、分发、存储、更新和销毁等环节。

同时，随着云计算和大数据等技术的发展，数据库的加密工作也面临着新的挑战。在云环境中，数据的所有权和控制权可能分离，这就需要在加密策略中加入更多的信任和验证机制。此外，大数据环境下的加密还需要考虑到数据的可搜索性和可分析性，以确保加密数据的实用性不受影响。

3. 加强审计追踪

审计追踪不仅有助于发现并追踪非法访问或操作数据库的行为，还能够发现数据库中的潜在漏洞。通过审计追踪日志记录的用户操作信息，可以帮助安全团队更好地了解数据库的运行状态，及时发现异常行为，并采取必要的防范措施。此外，联合应用攻击检测技术和审计追踪技术，可以进一步提高对数据库安全的监控和保护水平，确保数据库的安全稳定运行。

强化审计追踪对于优化计算机网络数据库的安全技术具有重要意义。通过不断加强审计追踪，可以提高对数据库操作行为的监控能力，减少安全事件的发生，并及时应对已经发生的安全威胁。这不仅有助于保障用户数据的安全性和隐私，也为计算机网络的良性发展提供了可靠的保障。

（三）数据库的备份与恢复管理

数据库系统采取了多重防护措施，旨在维护数据安全与完整性，确保并发事务能够正确执行。即便如此，数据库数据的绝对安全仍然无法得到百分之百的保证。

硬件故障，如硬盘磁头的碰撞，软件错误，操作人员的失误，以及恶意的破坏行为，都可能导致事务执行的异常中断，从而对数据库造成破坏，引起数据的损失。因此，数据库系统必须具备故障检测与数据恢复的功能，以确保数据能够从异常状态恢复到正常状态，这一机制对于数据库的稳定性至关重要。

系统故障在所难免，故而数据库的备份与故障恢复构成了系统可靠性与实用性的重要保障。备份通常指的是将数据库或其部分内容复制并存储于磁带、磁盘等存储介质上的过程。相对地，恢复则是在系统发生故障时，将数据库迅速恢复至故障前状态的行为，这一过程对保障数据的完整性与可用性至关重要。

备份与故障恢复对于数据库的安全性极为关键。定期进行数据库备份，可以在数据遭受破坏或丢失时，迅速恢复数据，确保系统的持续运行。此外，备份还能够应对数据意外删除、损坏等突发情况，为数据库的安全性提供了额外的保障。

在数据库系统的运作中，故障恢复是一个复杂且至关重要的任务。它包括识别并修复数据库中的错误，并确保数据库恢复到一个一致性良好、可被使用的状态。为了实现这一目标，数据库系统通常会利用日志文件和检查点等机制，详细记录数据库的操作历史和当前状态。这些记录在系统发生故障时，对于进行有效的故障恢复工作至关重要。

1. 数据库的备份管理

（1）数据库备份的类型。

数据库的备份大致有 3 种类型：冷备份、热备份和逻辑备份。

①冷备份。数据库备份是确保数据安全和可恢复性的重要手段之一，而根据备份操作的方式和环境不同，备份可以分为不同的类别。其中，冷备份是备份的一种主要类型，其思想是在关闭数据库且没有最终用户访问时对其进行备份。冷备份通常在系统无人使用的时候进行。其最佳实践是通过建立一个批处理文件，在指定的时间先关闭数据库，然后对数据库文件进行备份，最后再启动数据库。这种方法在保持数据的完整性方面是最好的，因为在数据库处于关闭状态时，不存在正在进行的事务或数据变更，从而确保备份的数据是一致且完整的。冷备份也存在一些限制。

首先，如果数据库太大，在备份时间窗口内无法完成备份，这会导致备份操作的不可行性。其次，冷备份意味着数据库在备份期间不可用，这可能会对业务造成影响。考虑到冷备份的局限性，有时需要结合其他备份方法来确保数据的安全性和可恢复性。例如，可以采用增量备份或差异备份等方法，来减少备份时间和对数据库的中断，同时保证数据的完整性和一致性。

②热备份。在计算机网络数据库的安全与稳定性保障中，热备份作为一种重要的备份策略，扮演着至关重要的角色。热备份是在数据库系统正常运行的过程中进行的备份操作，它主要依赖于数据库的日志文件来记录所有需要更新或更改的数据操作指令。这些指令在日志文件中被"堆积"，但并不会立即写入数据库的实际记录中。因此，在进行热备份时，数据库本身并未发生实质性的修改，这使得可以对数据库进行完整的备份。然而，热备份方法也存在一些显著的缺陷和风险。如果备份过程中数据库系统发生崩溃，那么所有记录在日志文件中的业务指令都可能丢失，这将导致数据的不可恢复。因此，数据库管理员（DBA）在执行热备份时必须密切监控系统资源，特别是要确保日志文件不会耗尽所有的存储空间，从而避免系统无法继续处理业务请求。

尽管存在风险和操作的复杂性，热备份依然具有其独特的优势。首先，由于备份是在数据库运行时进行的，因此对业务流程的干扰被降至最低。其次，热备份的速度通常比冷备份要快，因为它不需要关闭数据库服务。此外，热备份还能实现较短的数据恢复时间，因为备份数据是实时生成的，这使得在发生故障时可以迅速恢复到最近的状态。

在实施热备份策略时，还需要考虑到备份的频率和备份数据的存储位置。备份的频率应根据数据库的更新频率和业务需求来确定，以确保备份数据的时效性和有效性。备份数据的存储位置应与原数据库物理隔离，以防在数据库遭受物理损害时，备份数据也受到影响。此外，热备份的实施也需要考虑到与数据库系统的兼容性和对系统性能的影响。在某些情况下，频繁的日志记录可能会对数据库性能产生负面影响，因此需要通过合理的系统设计和优化来平衡备份需求和系统性能。

③逻辑备份。逻辑备份是一种数据库备份方法,通过软件技术从数据库中提取数据并将其写入一个输出文件。与物理备份不同,逻辑备份生成的输出文件不是一个数据库表,而是数据库中所有数据的一个映像。在大多数客户/服务器结构模式的数据库中,通常使用结构化查询语言(SQL)来执行逻辑备份操作。尽管逻辑备份过程相对较慢,不太适合对大型数据库进行全盘备份,但它非常适合进行增量备份,即备份那些自上次备份以来发生了变化的数据。逻辑备份的主要优点之一是其灵活性和可读性。由于备份数据以文本形式存储在输出文件中,因此可以轻松地对备份数据进行查看、编辑和处理。这种备份方法还可以跨不同的数据库系统进行迁移和导入,因为备份数据不受特定数据库系统的限制。

(2)数据库备份的性能。

数据库备份的性能是评估备份效率和效果的关键指标,通常可以通过两个参数来衡量:备份到备份介质(如磁盘、磁带等)上的数据量以及完成备份所需的时间。然而,数据量和时间之间存在着一种难以解决的矛盾,因为通常情况下,提高备份性能往往需要权衡这两个参数。为了提高数据库备份的性能,可以采取如下 5 种常见的方法。

①升级数据库管理系统。通过升级数据库管理系统,可以获得更优化的备份功能和性能。新版本的数据库管理系统通常会针对备份操作进行优化,从而提高备份效率和速度。

②使用更快的备份设备。选择更快速、更高效的备份设备可以显著提高备份性能。例如,使用高速磁盘阵列或高速磁带设备可以加快备份速度。

③备份到磁盘上。将备份数据存储到磁盘上可以提高备份速度和效率。磁盘备份可以是在同一系统上进行,也可以是备份到网络中的另一个系统上。尤其是如果能够指定一个具有足够容量和性能的磁盘作为备份目标,效果会更好。

④使用本地备份设备。在备份过程中使用本地备份设备,例如连接到主机的磁带驱动器,可以提高备份性能。在使用本地备份设备时,应确保备份设备的 SCSI 接口适配卡能够承担高速扩展数据传输,并将备份设备连接到独立的 SCSI 接口上,

以避免性能瓶颈。

⑤使用原始磁盘分区备份。直接从磁盘分区读取和写入数据，而不是通过文件系统 API 调用，可以加快备份速度。这种方法可以绕过文件系统的一些处理过程，直接对数据进行操作，从而提高备份的执行效率。

2. 数据库的恢复管理

（1）数据库恢复技术的类型。

恢复技术大致可以分为 3 种：单纯以备份为基础的恢复技术、以备份与运行日志为基础的恢复技术和基于多备份的恢复技术。

①单纯以备份为基础的恢复技术。单纯以备份为基础的恢复技术源自文件系统的恢复方法，其核心思想是通过定期将数据库的内容复制或转储到磁带等脱机存储介质上，从而创建数据库的备份。由于磁带存储是离线进行的，备份的数据因此不会受到在线系统故障的影响。在数据库遭遇故障时，可以通过使用最近一次的备份数据来恢复数据库，即将备份磁带中的数据重新复制到磁盘上的原始数据库位置。然而，这种基于备份的恢复技术存在明显的局限性。最主要的问题是，它只能将数据库恢复到最后一次备份时的状态，这意味着在备份周期内的所有后续更新数据都将无法得到恢复，从而造成数据的丢失。备份周期的长短直接决定了数据丢失的多少。备份周期越长，潜在的数据丢失风险就越大。尽管这种方法操作简单，易于实施，但其数据恢复的粒度较粗，且存在数据丢失的可能性。

因此，在实际的数据库管理中，单纯以备份为基础的恢复技术往往不足以满足对数据完整性和一致性的高要求。为了提高数据的可靠性和恢复的精度，通常会将其与其他的恢复技术结合起来使用。例如，可以结合日志记录技术，记录数据库操作的日志信息，以便在发生故障时能够利用这些日志信息进行更精细的数据恢复。

此外，随着技术的发展，现代数据库系统越来越多地采用更为先进的备份与恢复技术，如增量备份、差分备份以及快照技术等。这些技术能够在保证数据安全性的同时，减少数据恢复的时间和数据丢失的风险。

②以备份与运行日志为基础的恢复技术。以备份与运行日志为基础的恢复技术

核心机制在于利用数据库运行期间生成的日志信息，结合已有的数据备份，来实施数据恢复操作。系统运行日志是这一过程中的关键组成部分，它通常包含前像、后像以及事务状态等要素。

前像代表了数据库在事务执行更新操作前的物理状态，它保存了数据库变更前的快照。在数据库恢复过程中，前像的主要作用是辅助撤销那些未完成事务的变更，即通过前像信息将数据库状态恢复到事务执行前的状态。而后像则是记录了事务执行更新操作后数据库的物理状态，其主要用途是重放已完成但尚未持久化到备份中的事务更新，确保数据库状态的一致性。

事务状态信息记录了事务的执行情况，包括其提交或中止等状态。这些信息对于在恢复过程中正确处理各个事务至关重要，它们决定了事务的更新是否对其他事务可见，以及是否需要进行事务的回滚操作。

当数据库发生故障时，基于备份与运行日志的恢复技术能够发挥重要作用。恢复过程通常从使用最近的备份数据开始，随后根据日志记录来逐步恢复数据库状态。对于未完成的事务，通过前像信息进行回滚；对于已经完成的事务，则可能需要利用后像信息进行重做。这种恢复策略的优势在于能够将数据库恢复到一个尽可能接近故障发生前的状态，保障数据的完整性与一致性。

③基于多备份的恢复技术。基于多备份的恢复技术核心理念在于通过多个独立备份的相互补充来完成数据的恢复工作。此技术的实施基础是确保每个备份都具有独立于其他备份的失效模式，避免因单一故障点导致所有备份同时失效的风险。

独立失效模式的存在确保了备份系统的整体鲁棒性。即使部分备份因故失效，剩余的备份依然可以用于数据的恢复。为实现备份间的独立性，备份系统应尽量物理隔离，包括电源、存储磁盘、控制器以及 CPU 等关键硬件资源。在对数据可靠性要求极高的应用场景中，常采用磁盘镜像技术，通过在两套独立的磁盘系统中存储相同的数据副本来增强数据的安全性。这两套系统各自拥有独立的控制器和 CPU，并且能够在出现故障时互相切换。在读取操作中，系统可以从任一磁盘读取数据；而在写入操作中，则会将数据同时写入两套磁盘系统，以此确保数据的一致性。这样，一旦某套磁盘系统中的数据发生丢失或损坏，另一套系统的数据便可用于恢复。

基于多备份的恢复技术在分布式数据库系统中尤为重要。分布式数据库系统将数据分散存储于多个节点，每个节点均配备相应的备份。由于这些备份分布在不同的物理位置，它们面对的失效风险相互独立，从而提升了整个系统的可靠性与可用性。即便某个节点遭遇故障或异常情况，系统仍能依靠其他节点上的备份继续提供服务，保障业务的连续性。

此外，基于多备份的策略还包括定期的数据同步和备份验证，确保备份数据的完整性和可用性。通过实施这些策略，数据库管理员可以在面临数据灾难时，迅速从多个备份中选择可靠的数据源进行恢复，最大限度地减少数据丢失对业务的影响。随着技术的发展，基于多备份的恢复技术将继续演进，以适应不断变化的数据安全需求。

（2）数据库恢复的基本方法。

数据库的恢复大致有如下两种方法。

①周期性整体转储。静态转储策略涉及在转储过程中对数据库实施完全的访问限制，以确保转储期间数据库状态的一致性。然而，这种策略的实施往往需要暂停数据库服务，从而对业务连续性造成影响。相对而言，动态转储策略则允许在转储过程中数据库继续接受存取和修改请求，从而减少了对业务流程的干扰。尽管如此，动态转储可能会引入数据一致性的问题，因为转储过程中的并发操作可能导致备份数据与实际数据状态不同步。

②除了周期性整体转储，运行日志的应用也是数据库恢复的关键技术之一。运行日志详细记录了数据库的每一次变更，包括变更前后的数据状态。在数据库恢复过程中，结合后备副本和运行日志，可以有效地恢复数据库至故障前的状态。具体而言，首先使用后备副本将数据库恢复至最后一次转储的状态，然后通过回放运行日志中的记录，对已完成的事务进行重新处理，对未完成的事务进行撤销，以确保数据库状态的准确性。这种方法的优势在于，它避免了对已完成事务的重复处理，从而提高了恢复效率。

第五章 人工智能与大数据的融合探究

第一节 人工智能与大数据的关联性分析

人工智能与大数据之间存在密切的关联性，彼此相辅相成，相互促进。

一、人工智能的发展离不开大数据的支持

在当今信息爆炸的时代，大数据作为人工智能的基石，为其提供了源源不断的信息资源，极大地推动了人工智能技术的发展与进步。

人工智能算法的训练和学习过程需要大量的数据作为基础。通过大数据的支持，人工智能系统能够从海量数据中提取出有用的特征和模式，不断优化算法，提高预测和决策的准确性。例如，在语音识别领域，人工智能系统需要大量的语音数据来进行训练，从而不断提高识别的准确率和鲁棒性。在自然语言处理领域，人工智能系统通过分析大量的文本数据，可以理解语言的含义和语境，实现智能的对话和交流。

大数据为人工智能提供了丰富的信息资源，使得人工智能系统能够更加准确地理解和解决问题。通过分析这些数据，人工智能系统可以识别模式、预测趋势、做出决策，为各行各业带来了前所未有的智能化解决方案。例如，在医疗健康领域，人工智能系统通过分析大量的医疗数据，可以帮助医生诊断疾病、制定治疗方案，提高医疗效率和精准度。在金融领域，人工智能系统通过分析大量的交易数据，可以识别交易模式和风险，帮助金融机构做出及时的决策，提高风险管理能力和市场竞争力。

二、人工智能的发展推动大数据的应用与发展

随着人工智能技术的不断成熟和应用场景的不断拓展,对海量数据的处理和分析需求日益增长,这促进了大数据技术的发展和应用。

(1)人工智能的发展推动了大数据的应用范围不断扩大。人工智能技术的核心是通过机器学习、深度学习等算法从海量数据中提取模式和规律,实现智能化的数据分析和决策。而要实现这一目标,就需要充分利用大数据技术来支持数据的采集、存储和处理。例如,在自然语言处理领域,为了训练语言模型,需要大量的文本数据;在图像识别领域,需要大量的图像数据来进行训练和验证。因此,人工智能的发展对大数据的应用需求提出了更高的要求,促使大数据技术不断创新和完善。

(2)大数据技术的出现为人工智能提供了更强大的数据支持。随着互联网、物联网和移动互联网的快速发展,各种类型的数据呈现出爆炸式增长的趋势。传统的数据处理技术已经无法满足对这些海量数据的高效处理和分析需求。大数据技术以其高性能、高可扩展性和高可靠性等特点,为人工智能提供了强大的数据基础。通过大数据技术,人工智能系统可以更快速地获取和处理数据,从而提高了数据分析和决策的效率和准确性。例如,大数据技术可以帮助人工智能系统实时监测和分析海量的传感器数据,从而实现智能化的物联网应用。

(3)大数据技术的发展也得益于人工智能的支持和推动。人工智能技术在数据挖掘、机器学习、自然语言处理等领域的应用为大数据技术的发展提供了新的思路和方法。例如,基于机器学习算法的数据挖掘技术可以帮助大数据系统从海量数据中发现隐藏的模式和规律;自然语言处理技术可以帮助大数据系统从文本数据中提取有用信息。同时,人工智能技术的不断进步也为大数据技术的创新提供了技术支持和人才保障。人工智能专家和数据科学家的合作,推动了大数据技术的不断发展和应用。

第二节 人工智能与大数据融合应用的优势

人工智能与大数据的融合应用，在提高数据利用率和价值、实现智能化数据处理和管理、个性化服务和精准营销以及推动创新和社会进步等方面展现出了显著的优势。

一、有效提高数据的利用率和价值

人工智能算法，尤其是机器学习和深度学习技术，能够对大数据进行自动化、智能化的分析。这些算法能够识别数据中的模式，预测未来趋势，从而为企业决策提供科学依据。

通过人工智能算法对大数据的深入分析，企业能够更准确地理解市场动态、消费者行为和内部运营状况。这有助于企业做出更加精准的决策，提高决策的成功率。

人工智能算法不仅能够提升决策的精准度，还能够优化企业的运营效率。例如，在供应链管理中，人工智能算法可以预测产品需求，优化库存管理；在人力资源管理中，人工智能算法可以预测员工的离职率，帮助企业提前做好人才储备。

二、实现智能化的数据处理和管理

借助人工智能技术，可以自动化地进行智能化数据处理。

（1）效率提升。

人工智能算法可以快速处理大量数据，大大缩短了数据处理的时间。

（2）成本降低。

自动化的数据处理减少了对人工的依赖，从而降低了人力成本。

（3）质量提高。

人工智能算法能够减少人为错误，提高数据处理的准确性和可靠性。

（4）价值发现。

人工智能技术能够从复杂的数据中发现潜在的规律和趋势，为企业提供洞见。

三、实现个性化服务和精准营销

随着技术的发展,个性化服务和精准营销已成为企业提升用户体验和增强市场竞争力的重要手段。通过深度分析和挖掘大数据,结合人工智能算法的智能推荐和预测能力,企业能够为用户提供更加个性化的产品和服务,从而有效提升用户体验和满意度,增强用户黏性和忠诚度。

(1)在消费者需求日益多样化的今天,个性化服务已成为企业吸引和留住客户的关键。个性化服务能够满足用户的个性化需求,提升用户的满意度和忠诚度,从而为企业带来长期的客户关系和稳定的收入来源。

(2)大数据提供了丰富的用户信息,包括用户的购买历史、行为习惯、偏好等。通过深度分析这些数据,企业可以更好地理解用户的需求和偏好。而人工智能算法,尤其是机器学习和深度学习技术,能够从大数据中发现用户行为的模式和趋势,为个性化服务提供科学依据。

(3)智能推荐系统是实现个性化服务的重要工具。基于用户的购买历史、浏览记录等数据,推荐系统可以预测用户的潜在需求,向用户推荐相关的产品和服务。这不仅能够提升用户体验,还能够提高转化率,增加企业的收入。

(4)精准营销是通过分析用户数据,向特定的用户群体推送相关的营销信息。与传统的大众营销相比,精准营销能够提高营销的效率和效果。人工智能算法可以帮助企业识别不同的用户群体,制定个性化的营销策略,提高营销的精准度。

(5)个性化服务和精准营销能够提升用户体验。当用户感受到企业提供的服务和产品是专门为他们设计的,他们会感到更加满意和舒适。这有助于增强用户对企业的信任和忠诚,建立长期的客户关系。

(6)个性化服务和精准营销还能够增强用户黏性。当用户对企业提供的服务和产品感到满意时,他们更有可能成为回头客,甚至成为企业的忠实拥趸。这有助于企业建立稳定的客户基础,提高市场竞争力。

第六章 人工智能技术的应用探索

第一节 人工智能技术在视觉图像处理中的应用

一、人工智能中图像识别技术的应用

（一）人工智能在图像识别技术中的优势

智能、便捷与实用，是人工智能中图像识别技术的显著优势。在日常生活与工作中，应用图像识别技术既能满足人类的现实需求，又能提高社会的生产效率。

（1）智能优势。

应用图像识别技术处理图片，具有智能化的优势。这种基于信息技术的人工智能图像识别技术，能够智能地选择与分析图片，展现出了强大的智能化特性。通过特定软件开发的图像识别技术，能够帮助人们识别图像的数据内容与信息价值，并经过智能化处理与分析，提出有价值的建议。这种智能化优势不仅有助于提高个人工作与生活效率，也有利于提高整个社会的生产效率。

（2）便捷与实用优势。

人工智能图像识别技术既具有智能优势，又具有便捷与实用优势。人工智能图像处理技术的应用，可以提高人们日常工作与生活的便捷性。对于程序烦琐、流程复杂的工作，借助人工智能图像处理技术能够轻松解决关键问题，保证工作顺利完成，这是人工智能图像识别技术拥有便捷化优势的重要体现。此外，人工智能图像识别技术还表现出了鲜明的实用优势。在智能家居场景中应用人工智能图像识别技术，可以为人们提供更加高效、有序、轻松、便捷的现代生活方式。人工智能图像识别技术的实用功能，在满足人们现实需求的同时，也推动了技术自身的普及与创新。

（二）人工智能应用图像识别技术的发展展望

时代的发展与科技的进步，推动着人工智能图像识别技术的优化、升级与完善。伴随着图像识别技术精准度的不断提升，在数据的高速处理与传输方面、多维识别方面、应用领域方面，人工智能图像识别技术能够为人类的生存与发展提供更多的便捷服务。

（1）数据的高速处理与传输。

目前，人工智能图像识别技术已经具备高保真度、高清晰度特点，但是由于计算误差的存在，信息识别、数据处理与传输速度并不理想。影响人工智能图像识别技术发展的因素主要表现在两个方面。

①计算机硬件设备需要升级。

②信息采集与数据处理能力有待提升。

为了推动图像识别技术提高清晰度和信息采集与数据处理能力，相关人员正在积极付出努力，购置最新的计算机硬件设备，改进原有技术在采集信息与处理数据时存在的问题，确保图像识别技术的发展态势更加成熟，并逐渐降低人工智能图像识别技术的应用误差，尽最大可能满足相关行业的多元需求。

（2）多维识别。

传统的二维识别已经逐渐无法满足当今社会对于图像识别的需求，因此人工智能领域正在积极探索三维和多维识别模式。三维识别虽然是对二维识别的一次重要改进，但在某些情况下仍然存在局限性。因此，将目光投向多维识别成为不可阻挡的创新趋势。多维识别模式的应用将在不同领域产生广泛而深远的影响，为人类社会的发展带来新的契机。

（3）应用领域更加广泛。

目前，人工智能图像识别技术已经在农业、商业、医学、建筑和交通等领域展现了巨大潜力。然而，随着技术的不断完善，人工智能图像识别技术将逐渐应用于更多领域，包括教育、娱乐、安全等。传统的操作方式将逐渐被人工智能所取代，图像识别技术将成为人类学习、工作和生活中不可或缺的一部分，为社会带来更便捷、更高效的发展。

人工智能应用产品具有"跨界融合"及"和实体经济深度融合"等特性，如自动驾驶与网联车是人工智能与汽车产业的跨界融合；人脸识别是人工智能与图像处理学科的跨界融合；机器翻译是人工智能与翻译界的跨界融合；智能医学图像处理是人工智能与医学领域的跨界融合等。通过这些跨界融合，带动多个学科、领域与行业的智能化，从而实现了人工智能的"头雁"作用。

二、人工智能在医学图像处理中的实践应用

（一）智能医学图像处理

1. 智能医学图像处理的优势体现

现代医学的发展依赖于现代化的医学检验手段，尤其是近年来医学图像技术的飞速发展，在疾病的诊断和治疗方法的选择上起到了至关重要的作用。医学图像指的是利用非侵入性方式获取人体内部组织影像的技术与处理过程，包括放射线、磁共振、超声等成像技术。这些医学图像的影像灰度分布由人体组织的特性参数差异决定，通常这种差异（对比度）较小，导致影像上相邻区域的灰度变化也不明显。人眼对灰度的分辨率有限，仅能清晰区分有限的灰阶，因此传统的模拟影像需要经过数字化处理才能具有实用价值。现代医学图像技术已经实现了直接的数字成像。

尽管数字化处理后的医学图像提高了识别能力，但医生仅凭肉眼分辨人体组织中的复杂细微结构仍然面临挑战，这依赖于医生长期积累的经验和分析推理能力。同一张医学影像在不同医生的解读下可能会得出不同的结果。因此，最先进的医学图像技术仍然需要医生的经验和判断才能发挥其最大效用。而且，并非所有医生都能做出准确判断，这需要他们通过长期积累和努力学习来实现。在现代化医院中，需要大量经验丰富的读片人员来操作先进的医学图像设备，以产生有效的诊断结果，提高诊治效果。然而，目前医院中高水平的读片人员相对匮乏，这限制了现代化医学图像设备作用的充分发挥，成为医学研究中的一个重要问题。

为了解决这一问题，可以设想利用人工智能方法替代读片员，分析人体组织中

复杂细微的结构,并识别出与正常组织结构的差异,为疾病诊断提供依据。医学图像作为计算机图像的一种,可以应用人工智能中的智能图像处理、计算机视觉理论与方法,尤其是机器学习,特别是深度学习和卷积神经网络等技术。通过学习大量的医学图片数据,抽取特征,获得人体各种器官组织的特征,从而实现精准的分析和诊断。这便是智能医学图像的基本理念和方法论。

鉴于智能医学图像在医学研究中的重要性以及在人工智能领域的应用前景,它已经被正式纳入国家人工智能应用发展的规划中。目前,相关的应用系统和实际应用效果正在逐步展现。

2. 智能医学图像处理的基本流程

智能医学图像处理主要依托于人工智能基础理论中的机器学习方法,以及人工智能应用理论中的智能图像处理和计算机视觉技术。在实际应用中,主要采用机器学习算法、深度学习技术和卷积神经网络等进行学习和模式识别。由于医学图像处理的对象是人体的组织结构,因此对识别能力和精确度的要求极高。这就要求所使用的学习算法不仅要高效,还要具备一定的特殊性。此外,智能医学图像处理是一个包含多个步骤的流程,每个步骤都有其特定的操作要求。

智能医学图像处理的研究重点在于机器辅助,旨在自动化地处理大量图像信息。一般而言,智能医学图像处理流程包括以下5个主要部分。

(1) 图像获取。

这是将现实世界中的物理信息转换为计算机可处理的数字图像的初级步骤。通过使用图像采集器、摄像头和数据转换卡等设备,光信号和模拟信号被转换成数字格式,为后续图像处理提供原始数据。

(2) 图像预处理。

这是一个关键步骤,目的是提升图像质量、增强图像特征并减少冗余信息。图像去噪和增强旨在消除图像噪声并提高图像的清晰度。图像分割则专注于将图像中的目标区域与背景分离,为后续分析提供清晰的研究对象。此外,图像重建等技术也在这一阶段被用来恢复图像的原始特性或提升图像质量。在此过程中,广泛应用了灰度化、中值滤波、直方图均衡化、形态学操作、各向异性扩散和小波变换等算法和技术。

（3）图像特征提取。

这是图像识别系统中至关重要的环节，特征的好坏直接影响识别的准确性。形状、颜色、纹理等特征在图像识别中被广泛使用，不同的特征对于不同的图像识别任务具有不同的效果。一个优秀的特征提取方法应该能够提取出对图像分类最有帮助的特征。在这些特征中，纹理特征因其能够反映图像中灰度或颜色的空间分布规律，成为图像的一个重要特征，对于图像识别具有重要意义。

（4）分类模型建立。

依据特定的算法，通过对训练样本进行学习，建立起用于分类的模型。常用的分类方法包括决策树、支持向量机、统计分类、人工神经网络以及深度学习中的卷积神经网络等。在深度学习分类中，图像特征的提取是自动完成的。

（5）分类结果。

这是应用学习模型对图像进行判别和分类的结果。最终的疾病诊断依赖于对医学图像分类结果的解释和分析。

（二）人工智能对医学图像分割的辅助

利用核磁共振成像（MRI）、电子计算机断层扫描（CT）和超声检查等技术，可以获得不同模态下的医学图像，这些图像能够提供人体器官和病理组织的生理和形态信息。然而，仅凭这些二维图像难以从三维空间的角度全面审视相关信息，导致基于这些图像的疾病治疗效果并不总是理想的。实际上，为了准确分析疾病信息并提出最佳的治疗方案，通常需要借助其他辅助技术。

目前，三维重建技术结合人工智能辅助的医学图像分割，可以更直观地展示病灶组织之间的空间关系，这对于实现疾病的精确诊断和科学防治至关重要。

传统的三维图像重建和医学图像分割过程往往需要人工参与，但不同操作者之间在理解力和技能水平上存在显著差异，这可能导致图像分割和重建过程中出现主观偏差。此外，人工进行图像分割和重建不仅耗时烦琐，而且存在人力资源浪费的问题。然而，基于深度学习的卷积神经网络（CNN）算法在医学图像分割领域的应用，可以有效缩短分割时间，提升分割效率，减少人为误差，尤其在处理复杂组织结构的医学图像分割任务时，能够取得更加理想的图像重建效果。

（三）人工智能对疾病智能诊断辅助

疾病的医学诊断是制定治疗方案的重要参考依据。然而，传统的医学影像解读依赖于医生丰富的专业经验，而医生的培养需要投入大量的时间、耐心和资金。在这种情况下，利用人工智能辅助疾病科学诊断，不仅可以提升医学图像检测的效率和精确度，还能减少主观判断错误，对医生在临床实践中的成长具有重要的现实意义。此外，在医疗资源相对不足的基层医院和偏远地区，人工智能辅助的疾病诊断与筛查，尤其在帮助医生识别癌症病灶的医学图像方面，对于常见疾病的诊断和治疗，发挥着积极作用。

在21世纪初期，美国斯坦福大学已经成功研发并推出了能够辨识皮肤癌镜像照片的深度学习算法。基于该算法设计的深度卷积神经网络，不仅能够科学地区分脂溢性角化病与角质细胞癌，还能准确鉴别恶性黑色素瘤与良性色素痣，其临床实践表现与专家水平不相上下。将此算法应用于移动终端设备进行皮肤癌诊断，可以有效降低皮肤病的诊断成本，并在皮肤科医生诊室之外实现皮肤癌的精准筛查。

此外，借助人工智能技术辅助识别肺癌，可以显著减少肺癌的过度诊断。通过精确区分良性与恶性肺结节的医学影像，为肺癌的早期发现、治疗与预后评估提供了宝贵的机会。

第二节 人工智能技术在计算机技术中的应用

信息化技术的广泛运用，使计算机网络对人工智能的应用不断扩大，我国推广和构建了多种计算机技术、通信技术，这些智能产品的出现加快了社会信息化改革，提高了国民生活水平。智能机器人的出现减少了一些企业人力成本，人工智能产品也将不断流入，提高了人民生活质量，计算机技术中人工智能技术也将不断更新发展。

一、防火墙在计算机技术中的实践应用

"计算机网络安全问题造成的影响也越发严重,而防火墙技术能够隔离来自互联网络的攻击,又能将内部局域网络的病毒限制在子网内,减少计算机网络安全问题的发生,使用户的信息安全得到保障,使社会能正常运转。"[1] 防火墙作为计算机网络中的一种关键设施,类比于建筑物中的防火墙,其基本目的在于阻止网络中的危险因素从外部传播到内部网络,从而保护内部网络的安全。在理论上,防火墙的功能与建筑物中的防火墙类似,都是为了在两个或多个网络之间加强访问控制,并在内部网与外部网之间建立一道保护层,以确保所有连接都必须经过此保护层进行检查和授权,只有被授权的通信才能通过,从而有效保护内部网资源免遭非法入侵。

从技术角度来看,防火墙实际上是一个或一组网络设备,其作用是监控和过滤通过它的网络流量,以实现对网络通信的控制和管理。

防火墙在当今互联网时代扮演着至关重要的角色,是保障网络安全的第一道防线。通过有效配置和管理防火墙,可以有效地保护网络资源免受未经授权的访问和攻击,确保网络的安全性和稳定性。

(一)防火墙的技术类型

实现防火墙的技术包括 4 类:网络层防火墙(又称为包过滤型防火墙或报文过滤网关)、电路层防火墙(又称为线路层网关)、应用层防火墙(又称为代理服务器)和状态检测防火墙。

1. 网络层防火墙

网络层防火墙是防火墙技术中最基本的形式,其核心功能主要集中于检查数据包的源和目的 IP 地址以及端口。网络层防火墙的技术基础是包过滤技术,这一技术依赖于网络中的分包传输机制。在网络通信过程中,数据被划分为特定大小的数据

---

[1] 王东岳,刘浩,杨英奎. 防火墙在网络安全中的研究与应用[J]. 林业科技情报,2023,55(1):198-200.

包进行传输，每个数据包都携带有源地址、目标地址、TCP/UDP 源端口和目标端口等关键信息。网络层防火墙通过解析这些数据包中的地址信息，判断其是否源自可信的站点，并据此做出相应的处理决策。系统管理员可以根据实际需求制定合适的过滤规则，而对用户来说，这些检查过程通常是透明的。通常情况下，网络层防火墙部署在路由器上，因为大多数路由器默认都具备了包过滤功能。

报文过滤网关是网络层防火墙的一种实现形式，它在接收到数据报文后，会先行扫描报文头部，检查报文类型、源 IP 地址、目的 IP 地址以及目的 TCP/UDP 端口等信息，再依据规则库中的规则来决定是放行还是拒绝这些报文。许多报文过滤器允许管理员根据路由器上不同的接口（出接口和入接口）定义不同的规则，以此提高其灵活性。目前，大多数报文过滤器由包过滤路由器实现，它们能够对每个接收到的数据包进行评估和处理，依据预设的规则来决定是否进行转发或丢弃。报文过滤器的规则通常基于 IP 报文头部信息，包括源地址、目的地址、封装协议、TCP/UDP 源端口、TCP/UDP 目的端口、ICMP 报文类型等。若规则匹配且允许通过，则报文被转发；若规则匹配但拒绝通过，则报文被丢弃；若无匹配规则，则按照用户配置的默认参数来处理报文。某些报文过滤器在设计时还可以选择是否在报文被丢弃时通知发送者。

网络层防火墙的优点包括提供统一的认证协议、无须对每个终端主机进行单独认证、对性能的影响较小、防火墙的故障和恢复不会影响已建立的 TCP 连接、路由变化不会中断 TCP 连接、与应用层无关以及没有单一故障点等。同时，报文过滤技术作为一种成本效益高的实用安全技术，在一些简单的应用场景中能够在较低成本下保障系统安全。然而，由于网络层防火墙基于网络层的信息进行安全过滤，它无法区分不同的用户，也无法识别应用层的潜在威胁，例如恶意的 Java 小程序或电子邮件中的病毒。此外，有经验的攻击者可以通过伪造 IP 地址来绕过过滤检查。尽管已经出现了更智能的报文过滤器，但它们同样无法有效区分用户。

网络层防火墙在设计上面临一些挑战，特别是在多防火墙部署、非对称路由、组播支持以及性能优化等方面。解决这些问题需要深入研究和技术创新，以便提高网络层防火墙的效率和安全性。

2. 电路层防火墙

电路层防火墙是一种安全设备,其工作在 OSI 模型的会话层,类似于网络层的防火墙。与网络层防火墙相比,电路层防火墙在协议栈中的位置更高。它的工作原理是通过监控受信任的客户端或服务器与不受信任的主机之间的 TCP 握手信息,来确定网络会话的合法性。这种方法允许电路层防火墙隐藏受保护网络的信息,并且使得所有通过防火墙的连接似乎都源自防火墙本身,从而增强了网络的安全性。

实际上,电路层防火墙通常不作为独立产品存在,而是与其他应用层网关集成在一起使用。除了基本的数据包过滤功能,电路层防火墙还提供了代理服务器这一重要的安全特性。代理服务器在防火墙上运行一个"地址转换"进程,将所有内部 IP 地址映射到一个由防火墙使用的、安全的 IP 地址上。通过这种方式,电路层防火墙能够控制内部网络与外部网络之间的通信,提高了网络安全性。

然而,电路层防火墙虽然具有多种优势,但也存在一些局限性。由于其在会话层工作,电路层防火墙无法检查应用层的数据包内容,这可能留下安全漏洞。攻击者可能利用这些漏洞绕过防火墙的监控,对网络发起攻击。因此,在设计和部署电路层防火墙时,需要结合其他安全设备和措施,以补充其在应用层安全防护方面的不足,进而提高整体网络安全。

3. 应用层防火墙

应用层防火墙作为一种独特的网络安全设备,与传统的网络层和电路层防火墙相比,具有不同的工作原理和优势。应用层防火墙能够在 OSI 模型的应用层上进行数据包过滤和访问控制,对进出的数据包进行深度检查,从而有效地防止不受信任的主机直接与受保护的服务器和客户端建立联系,增强了网络的安全性。

应用层防火墙相较于其他类型的防火墙,其主要特点在于其能够理解和处理应用层协议,具备更复杂的访问控制能力,并能够进行精细的用户认证和授权。通过网关复制传递数据,应用层防火墙能够实现对用户的严格认证,并提供与连接对方的身份相关的信息,从而增强了对网络的安全保护。尽管每种协议需要相应的代理软件来实现,且工作量较大,但在大多数环境下,应用层防火墙能够提供比其他防火墙更高的安全性,因为其能够进行严格的用户认证,确保所连接的对方的真实身份,并实施基于用户的其他形式的访问控制,如限制连接的时间、主机和服务。

然而,尽管应用层防火墙在安全性方面具有显著优势,但其也存在一些挑战和局限性。首先,应用层防火墙的实现较为困难,且有些应用层网关缺乏透明度,可能会导致用户在访问 Internet 或 Intranet 时出现延迟和多次登录的情况。此外,应用层防火墙对系统的要求较高,需要适当的程序设计和配置,以确保能够准确理解和处理用户应用层的通信业务,并维护智能化的日志文件记录和控制所有进出的通信业务。

4. 状态检测防火墙

状态检测防火墙作为新一代的防火墙技术,在网络安全领域具有重要的地位和应用前景。相较于传统的防火墙技术,状态检测防火墙采用了更加智能和高效的工作方式,通过监视每一个有效连接的状态,对数据包进行深入分析和比较,从而有效地提升了网络安全水平。

状态检测防火墙工作在协议栈的较低层,截取并分析网络数据包,然后将提取的状态信息与预设的安全策略进行比较,以决定数据包是否能够通过防火墙。相比于传统的网络层和电路层防火墙,状态检测防火墙能够提供更加全面和精细的网络安全保护。其通过对数据包的深度分析,能够识别更多的安全威胁,并采取相应的防御措施,从而有效地阻止网络攻击和入侵。

状态检测防火墙具有较高的安全性、高效性和可伸缩性。由于其工作在协议栈的较低层,能够截取和检查所有通过网络的原始数据包,从而确保对网络流量的全面监控和管理。同时,状态检测防火墙通过动态状态表和过滤规则,能够提供高效的数据包处理和连接管理,大大提升了系统的执行效率和性能。此外,由于其不区分具体的应用,而是根据从数据包中提取出的信息和安全策略处理数据包,因此具有较好的伸缩性和扩展性,能够适应不同规模和复杂度的网络环境。

状态检测防火墙支持广泛的应用范围，能够有效地处理基于 UDP 的应用、无连接协议的应用以及 RPC 等服务。对于这些应用，状态检测防火墙通过动态端口映射和连接状态管理等技术手段，实现了安全可靠的数据传输和访问控制，为网络安全提供了更加全面的保障。同时，状态检测防火墙对基于 UDP 应用的安全实现也具有一定的优势，通过保持虚拟连接和超时机制，有效防止了各种网络攻击和威胁。

从未来的发展趋势来看，状态检测防火墙有望成为网络安全领域的主流技术之一，其将在网络层防火墙和应用层防火墙之间占据重要位置。随着技术的不断进步和应用场景的不断拓展，状态检测防火墙将不断提升其安全性、效率性和适用性，成为网络安全保护的重要支撑和基础设施。

（二）防火墙的体系结构

防火墙作为网络安全的基础设施，在不同规模的网络环境中扮演着至关重要的角色。其中，双穴主机网关、屏蔽主机网关和屏蔽子网网关是三种常见的防火墙体系结构，它们分别适用于不同规模和需求的网络环境。共同的特点是它们都需要一台堡垒主机或桥头堡主机来充当应用程序转发者、通信登记者和服务提供者的角色。这三种防火墙体系结构各有其特点和适用场景，可以根据具体的网络规模、安全需求和预算情况选择合适的结构。在实际应用中，还可以根据需要对防火墙系统进行定制化配置和优化，以实现最佳的网络安全效果。

1. 双穴主机网关

双穴主机网关是一种关键的网络安全技术，其核心任务是在两个网络系统之间建立一个安全的通信桥梁，并对所有通过该桥梁传输的数据流进行严格的监控和控制。该技术的战略布局旨在将潜在的安全威胁隔离在受保护网络之外，确保网络环境的稳定性和数据流通的安全性。

在系统架构设计上，双穴主机网关采用了创新的双网络接口卡配置，并结合专业的防火墙软件，在单一主机上实现了受保护网络与外部网络（如互联网）之间的非直接连接。这种设计巧妙地隐藏了受保护网络，除了作为中继的桥头堡主机，外界无法感知其存在，从而在无形中构建了一道坚固的安全防线。此外，桥头堡主机的非转发性设计要求所有网络服务必须通过代理程序实现，这进一步增强了网络通信的安全性。

在基于 UNIX 系统的环境下，为了维护双穴主机网关的安全性，系统管理员需要对系统内核进行细致的重新配置和编译。这一过程包括禁用寻径功能，使用 Make 命令对 UNIX 系统内核进行编译，并利用 Config 命令来读取和生成内核配置文件。这些配置文件通常存放在系统的特定目录中，而 strings 命令可用于检查当前使用的内核配置文件，确保其安全性和准确性。

在部署双穴主机网关时，设置一系列安全检查点非常关键。首先，应移除所有不必要的程序开发工具，如编译器和链接器，以降低安全风险。其次，对于不需要或不明用途的特权程序，也应当予以清除，防止它们成为恶意攻击的切入点。此外，通过磁盘分区技术，可以将潜在的攻击影响限制在单一分区内，从而保护整个系统的安全。同时，删除不必要的系统和专用账户，以及停用非必需的网络服务，也是提高系统安全性的有效措施。

尽管双穴主机网关在安装便捷性、硬件需求适应性以及正确性验证方面具有明显优势，但其安全性并非无懈可击。这种设计并未增强网络的自我保护能力，反而可能因其关键性而成为黑客攻击的主要目标。一旦防火墙被破坏，桥头堡主机可能沦为一台失去寻径功能的路由器。在这种情况下，经验丰富的攻击者可能会通过获取系统高级权限，修改相关内核变量，以恢复桥头堡主机的寻径能力，进而对受保护的网络系统发起更为隐蔽和危险的攻击。

因此，双穴主机网关的部署与维护，不仅需要技术层面的精确和细致，更需要战略层面的深思和防备。安全团队必须时刻保持警惕，通过定期的安全审计、系统更新和入侵检测，来不断加固网络的防御体系。同时，培养一支专业的网络安全团队，以应对日益复杂的网络安全挑战，也是确保双穴主机网关长期稳定运行的关键。在网络安全领域，只有不断学习、不断进步，才能构筑起坚不可摧的数字防线。

2. 屏蔽主机网关

屏蔽主机网关是一种网络安全架构，旨在为受保护的内部网络提供额外的安全层级，同时允许有限的、受控的访问。在这种架构中，通常将一台桥头堡主机设置在受保护网络内部，而一台具备数据包过滤功能的路由器则被放置在受保护网络与外部网络（如互联网）之间。该路由器的主要任务是拦截并过滤所有进出受保护网络的数据包，仅对桥头堡主机开放访问权限，有效隔离了受保护网络与外部网络之间的直接通信。

屏蔽主机网关的设计提供了灵活性，使得网络管理员能够根据安全需求配置路由器，选择性地允许某些可信的应用程序和服务通过。然而，这种架构的安全性高度依赖于桥头堡主机的强度和路由器的正确配置与管理。网络管理员必须精心管理桥头堡主机和路由器的访问控制列表（ACLs），并确保两者之间的安全策略协调一致。随着通过路由器允许的服务数量的增加，正确配置防火墙并维护其安全性的复杂性也随之增加。

在屏蔽主机网关架构中，数据包过滤的设置可以采取多种策略。例如，可以配置允许内部主机为特定服务与互联网上的主机建立连接，或者可以设置不允许从内部主机发起的任何外部连接。根据实施的安全策略，用户可以灵活选择不同的过滤规则。与完全禁止外部数据包进入内部网络的双穴网关体系结构相比，屏蔽主机网关允许从互联网到内部网络的某些数据包流动，因此存在相对更高的安全风险。

尽管屏蔽主机网关在安全性和可用性方面通常优于双穴网关体系结构，但与其他体系结构如屏蔽子网体系结构相比，它也有一些潜在的弱点。主要的弱点是桥头堡主机和内部网络之间缺少额外的网络安全措施。如果路由器被攻陷或配置不当，整个网络可能会暴露给攻击者，带来严重的安全隐患。

3. 屏蔽子网网关

屏蔽子网网关是一种高级的网络安全架构，旨在为私有网络提供更强的安全保护。该架构通过在公共网络和私有网络之间建立一个隔离网，即"停火区"，有效地隔离了两者之间的直接通信。在这个"停火区"内，部署了两个屏蔽组和两个桥头堡主机，这些桥头堡主机是唯一可以直接从受保护网络和外部网络访问的系统。

屏蔽子网网关的理论基础与双穴主机网关相似，但它将这一概念扩展到了整个网络层面。在这种架构中，即使防火墙被破坏，攻击者也面临着极大的挑战，因为他们需要先攻破桥头堡主机，再进入受保护网络中的某台主机，然后才能返回到报文屏蔽路由器，并在这 3 个网络之间进行复杂的配置。这种设计的复杂性大大增加了攻击者的工作难度，从而提高了网络的安全性。

然而，这种架构中的堡垒主机仍然是潜在的安全风险点。由于其本质上是可以被外部网络访问的系统，它成为了攻击者的主要目标。如果内部网络对针对堡垒主机的攻击没有任何额外的防御措施，那么一旦堡垒主机被攻破，攻击者就可以毫无阻碍地进入内部系统。

为了降低这种风险，屏蔽子网网关的设计中采用了隔离策略，将堡垒主机放置在周边网络上，从而减少了堡垒主机被侵入的影响。这种隔离策略的实施，虽然不能完全阻止入侵者，但至少限制了他们能够访问的资源，增加了攻击者进一步渗透网络的难度。

屏蔽子网网关的实施需要网络管理员具备高度的技术专长和安全意识。他们需要精心配置和管理每个网络组件，确保所有的访问控制列表和安全策略都得到妥善地维护和更新。此外，网络管理员还需要定期进行安全审计和监控，以便及时发现并响应任何潜在的安全威胁。

（三）计算机防火墙的主要技术

1. 数据包过滤技术

数据包过滤是一种关键的访问控制技术，它对网络中传输的数据包执行选择性放行，基于路由器实现，并依据预设的安全策略来决定数据包的转发或丢弃。

数据包在网络通信中起着至关重要的作用，其结构类似于洋葱，由多层协议叠加构成。每个层级的数据包都由包头和数据区（包体）两部分组成。包头中存储着与该层协议相关的控制信息，而数据区则携带着上层的数据信息，且封装了上层所有层的信息。数据包在传输过程中会依次经过应用层、传输层、网络层和网络接口层的封装，即数据包的封装过程。在发送端，原始数据在每一层被加上相应的包头后进行传输；而在接收端，数据包需要经过解封装，逐层移除包头以还原原始数据。

在数据包过滤系统中，对包头信息的分析非常关键。每个数据包的包头都包含了与传输密切相关的重要信息，数据包过滤系统正是通过这些包头信息来判定数据包是否满足既定的安全策略。具体而言，在路由器上实现数据包过滤时，普通的路由器仅对数据包的目的地址进行基本检查，然后根据路由表选择最佳路径进行转发。相比之下，具备数据包过滤功能的路由器（通常称为屏蔽路由器）会进行更深入的检查，它将分析数据包的多个头部字段，包括源地址、目的地址、传输层端口号以及 IP 协议等，然后根据安全策略来决定是否对数据包放行。

（1）数据包的构筑过程。

数据包的构筑方法确保了数据能够在网络中正确地传输和处理。在 IP 网络中，数据包的构筑遵循特定的协议层次结构，每一层都会对数据包进行特定的处理，以确保信息的完整性和正确传输。

在数据包的构筑过程中，每一层协议都会对从上层接收到的信息进行处理，并将其作为自己的数据。同时，每一层还会在数据上添加自己的报头，这些报头包含了与该层协议相关的信息。这些信息对于数据包在网络中的传输和处理至关重要，因为它们提供了数据包的源地址、目标地址、协议类型、端口号以及其他控制信息。具体来说，数据包的构筑过程涉及以下关键步骤。

①应用层的处理。在应用层，数据包主要包含待传输的有效载荷数据。应用层协议负责将这些数据封装成特定的格式，并为其添加必要的应用层报头。这些报头包含了应用层协议所需的控制信息，如同步、标识和可能的加密信息。

②传输层的处理。数据从应用层传递到传输层时，传输层协议会在数据前添加自己的报头。传输层报头通常包括源端口号和目标端口号，这些端口号用于标识发送和接收数据的应用程序。传输层协议还负责提供端到端的通信控制，包括流量控

制、拥塞控制以及错误检测与修复。

③网络层的处理。传输层将数据传递到网络层，网络层在数据前添加网络层报头。网络层报头的核心信息包括源 IP 地址和目标 IP 地址，这些地址用于在 IP 网络中路由数据包。网络层协议还负责处理数据包的分片和重组，以适应不同网络的最大传输单元（MTU）。

④数据链路层的处理。当数据包到达数据链路层时，该层会在数据前添加数据链路层报头。数据链路层报头包含了必要的控制信息，如帧同步、物理地址、错误检测和流量控制。数据链路层协议负责在相邻网络节点之间传输数据帧，并处理帧的错误检测和重传。

在整个数据包的构建过程中，每一层协议都遵循特定的规则和标准，以确保数据包在网络中的有效传输。当数据包在接收端被逐层解包时，每一层的报头会被相应地剥离，直到最终恢复为原始的应用层数据。

数据包的构建方法不仅确保了数据在网络中的有效传输，还为网络管理和安全提供了基础。通过分析数据包的结构和内容，网络管理员可以监控网络流量、检测异常行为并实施安全策略。此外，数据包的构建方法也为网络协议的标准化和互操作性提供了重要支持，促进了不同网络设备和系统之间的通信和协作。随着网络技术的不断发展和新协议的出现，数据包的构建方法将继续适应新的网络需求和挑战。

（2）数据包过滤的形式。

数据包过滤技术，主要通过对数据包的源地址、目标地址、传输协议以及 ICMP 消息类型等信息进行过滤，以实现对网络流量的管理和控制，主要包括基于地址的过滤、基于协议的过滤以及基于 ICMP 消息类型的过滤等主要形式。

①基于地址的过滤是数据包过滤技术中最为简单且广泛使用的一种形式。这种过滤技术主要通过限制数据包的源 IP 地址或目的 IP 地址来控制数据流的走向。例如，可以设定规则以阻止特定的外部主机访问内部网络，或者限制特定的内部主机与外部网络的通信。这种过滤技术能够有效地预防不安全的连接建立，从而增强网络的安全性。

②基于协议的过滤是另一种常用的数据包过滤技术。该技术依据系统设计原则，根据数据包所使用的协议类型进行过滤和处理。TCP（传输控制协议）和 UDP（用户数据报协议）是互联网上最常用的两种协议，基于协议的过滤主要围绕这两种协议来设定过滤规则。对于 TCP 连接，过滤系统可以根据 SYN 包来识别新建立的连接，并执行相应的过滤操作。而对于 UDP 数据包，由于其报头中不包含类似于 TCP ACK 位的确认机制，过滤系统通常采用状态相关的过滤技术来处理。状态相关的过滤允许系统追踪外出的数据包，并根据预设的过滤规则来决定是否允许相应的响应数据包进入，从而实现对 UDP 流量的过滤控制。

③基于 ICMP（互联网控制报文协议）消息类型的过滤也是数据包过滤系统中的一个重要组成部分。ICMP 用于报告 IP 层的状态和传递控制消息，其数据包包含一系列预定义的消息类型代码，但不包含源或目的端口信息。数据包过滤系统可以根据 ICMP 消息类型字段来对 ICMP 数据包进行过滤和处理。然而，需要注意的是，过滤系统应当对违反过滤策略的 ICMP 数据包采取适当的处理措施，以防止为潜在的攻击者提供可利用的攻击途径。

2. 代理服务技术

代理服务作为网络通信中的重要组成部分，涉及在双重宿主主机或堡垒主机上运行特殊协议或一组协议，以代替用户的客户程序直接与外部互联网中的服务器进行通信。其基本原理在于，用户的客户程序通过与代理服务器进行交互，由代理服务器代表用户与真实的服务器进行通信。代理服务器负责判断客户端发送的请求，并根据特定规则决定是否允许传输该请求，若允许，则代理服务器与真实服务器进行交流，并将请求传送至真实服务器，将服务器的回应传送给客户端。

对于用户而言，与代理服务器交互与直接与真实服务器交互没有本质差异，而对于真实服务器而言，它只知道与运行代理服务器的主机上的用户交流，并不了解用户的真实身份或所在位置。代理服务并不需要特殊的硬件设备，但对于大多数服务来说，需要专门的软件支持，这种软件通常由代理服务器程序和客户程序构成。

（1）代理服务的技术原理。

代理服务是构建防火墙的关键技术之一，在网络安全领域扮演着至关重要的角色。其工作原理依赖于在防火墙主机上运行的专门应用程序或代理服务器程序，这些程序使得网络管理员能够对特定的应用程序或应用功能执行允许或拒绝的控制操作。

安装了代理服务器的防火墙通常要求用户在客户机上安装特定的客户端应用程序。用户通过这些客户端应用程序与防火墙上的代理服务器程序建立连接。代理服务器会对用户的身份和请求进行合法性验证：若用户请求通过验证，代理服务器将代表客户端与防火墙外部的服务器建立连接，并将客户端的请求转发给该服务器。当服务器做出响应后，代理服务器再将响应转发回客户端。对于未通过验证的非法请求，代理服务器将拒绝建立连接。因此，代理服务器实际上是客户端和服务器之间通信的中介，外部计算机的网络连接只能到达代理服务器，而无法直接与内部网络建立连接。即使在防火墙出现问题的情况下，外部网络也无法直接接触到被保护的内部网络，从而实现了防火墙内外计算机系统的隔离。

此外，代理服务还提供详细的日志记录和审计功能，这些功能显著提升了网络的安全性。用户与代理服务器之间的连接对于客户端和服务器端来说都是透明的，即用户通常不会意识到代理服务器的存在，而外部服务器则只能识别到代理服务器上的用户交互，无法识别用户的真实身份或具体位置。

（2）代理服务的实现方法。

代理服务的工作方法在不同的服务中存在着细微的差异，一些服务可以自动地提供代理功能，而对于其他服务，则需要在服务器上安装适当的代理服务器软件。在客户端，实现代理服务通常采用以下两种方法。

①定制客户端软件。这种方法要求客户端软件具备连接代理服务器的能力，并能够配置相应的连接设置。客户端软件不仅需要知道如何与代理服务器建立连接，还必须能够向代理服务器发送指令，告知其如何与目标服务器进行通信。通过这种方式，客户端软件可以直接与代理服务器通信，并通过代理服务器与目标服务器进

行数据交换。

②定制客户端过程。在这种方法中，用户使用标准的客户端软件连接到代理服务器，并通过代理服务器通知并与目标服务器建立连接，而不是直接与目标服务器连接。这种方法的优势在于用户可以利用标准的客户端软件，无须对其进行任何定制或修改。然而，采用定制的客户端过程可能会对用户的操作带来一定的限制。例如，某些客户端软件可能不支持自动执行匿名 FTP 操作，因为它们不具备通过代理服务器进行此类操作的功能。此外，对于一些图形界面的程序，如果它们无法显示或处理用户输入的主机名和用户名信息，也可能会遇到限制。

3. 内容屏蔽与阻塞技术

内容屏蔽与阻塞技术是近年来网络管理中备受关注的一项重要议题，其主要功能是允许管理员针对内部网络的用户对特定网站或特定内容进行限制或阻止。这种技术的实现可以通过不同的方法，包括针对特定 URL 地址的阻塞、针对特定内容类别的阻塞以及针对嵌入内容的阻塞等方式。

（1）URL 地址阻塞是一种常见的内容屏蔽技术，它允许管理员指定要阻止的具体 URL 地址。然而，这种方法的缺点在于互联网上的 URL 地址不断变化，每天都有大量的页面被创建和更新，因此管理员很难跟踪和审查所有新页面的内容，从而导致了一定的局限性。

（2）类别阻塞是另一种常见的内容屏蔽方式，它允许管理员指定阻止包含特定内容类别的数据包。通过这种方式，管理员可以根据内容的性质来进行屏蔽，从而实现对网络访问的精细化控制。

另外，一些代理软件应用程序还可以设置为阻止包含特定嵌入内容的 Web 请求响应，例如 Java、ActiveX 控件等。这些嵌入内容可能存在安全隐患，因为它们有可能在本地计算机上运行应用程序，从而被黑客利用来获取访问权限，因此需要进行有效的屏蔽。

然而，内容阻塞技术并非完美无缺，不能作为阻止所有数据流进入内部网络的唯一手段。尽管管理员可以列出大量的 URL 地址来阻止用户的访问，但有经验的用户可以通过直接使用服务器的 IP 地址来规避这种限制。此外，内容阻塞只能识别已知的问题，对于新出现的病毒威胁无法有效应对，因此还需结合其他安全防御措施，如安装优秀的病毒防护软件，及时升级系统等，以提高网络的整体安全性。

（四）计算机技术中防火墙的优势

防火墙在计算机网络安全中扮演着不可替代的角色，其作用和优势主要体现在以下几方面。

（1）实时监控与检测。

智能防火墙能够对网络流量进行实时监控与检测，及时发现并应对各种网络威胁，保障网络系统的安全稳定运行。

（2）自动化防御。

智能防火墙具备自动化防御能力，能够根据预设的规则和策略对网络流量进行自动过滤和阻断，降低了人工干预的需求，提高了网络安全的效率和可靠性。

（3）智能学习与适应。

智能防火墙采用了机器学习等智能技术，能够不断学习和适应新的网络威胁，提升了网络安全的应对能力和适应性。

（4）综合防护能力。

智能防火墙集成了多种安全防护技术，包括数据包过滤、状态检测、应用层网关等，能够全面、多层次地保护网络系统的安全。

二、入侵检测系统在计算机技术中的应用

（一）计算机入侵检测技术的模型与分类

入侵检测系统（IDS）作为一种关键的网络安全技术，其功能在于主动发现和识别网络中的入侵行为，从而及时采取相应的应对措施。通过对计算机网络或系统中关键点的信息收集和分析，入侵检测系统能够判断是否存在违反安全策略的行为以及是否受到攻击的迹象。入侵检测技术的实现依托于对网络数据的收集和分析，以及对异常行为的识别和告警。计算机网络应用的不断普及，使得网络安全维护管理

工作重要性逐渐凸显出来，入侵检测技术作为有效提升计算机网络安全的技术手段，开始得到业界重视。

（1）入侵检测技术通过从计算机系统的多个关键节点收集信息，对数据进行深入分析，以判断是否有违反安全策略的行为发生。这一过程包括对网络流量、系统日志、用户行为等的监测与分析，目的是识别可能的入侵活动，并根据严重程度提供不同级别的警报和响应措施。入侵检测系统（IDS）在此过程中发挥着积极作用，它能够全面监控和分析来自外部的攻击、内部的威胁以及误操作等情况，从而主动保护网络的安全。

（2）入侵检测技术的作用是多方面的。它能够监控和分析用户及系统的活动，评估关键系统和数据文件的完整性，识别攻击行为的模式，对异常行为进行统计分析，并对操作系统进行审计跟踪管理，从而识别违反安全策略的用户行为。通过这些功能，入侵检测系统能够全面掌握网络环境的安全状态，及时发现并应对各种潜在的安全威胁。

（3）入侵检测系统不仅仅是被动地等待攻击发生，而是主动地在网络中监测和识别潜在的安全威胁，为网络安全提供实时的防护。尽管入侵检测系统通常不采取主动的预防措施来阻止入侵事件，但它们在识别入侵者、监测安全漏洞、及时提供关键信息等方面发挥着重要作用，为网络安全管理提供了有效的补充和支持。

1. 计算机入侵检测技术的模型

入侵检测技术模型的演进经历了集中式、层次式和集成式 3 个阶段，每个阶段都对应着特定的入侵检测模型的发展和应用。这些模型在不同阶段的提出与发展，为入侵检测领域的研究和实践提供了重要的理论和方法支撑。

（1）Denning 入侵检测模型。

Denning 入侵检测模型是入侵检测技术发展的开端，该模型是一个基于主机的入侵检测模型。Denning 模型的核心思想是通过对主机事件的学习和规则匹配，识别出异常入侵行为。该模型主要包括主体、对象、审计记录、活动剖面、异常记录和规则集处理引擎 6 个部分，通过规则匹配实现对入侵行为的检测与识别。

(2)层次式入侵检测模型。

层次式入侵检测模型在对入侵检测技术进行进一步探索和优化时应运而生。该模型将入侵检测系统分为数据层、事件层、主体层、上下文层、威胁层和安全状态层等六个层次,通过对收集到的数据进行加工抽象和关联操作,实现了对跨域单机的入侵行为识别,并提高了检测效率和准确性。

(3)管理式入侵检测模型。

管理式入侵检测模型是针对多个 IDS 协同工作的问题提出的解决方案。该模型以 SNMP 协议为基础,实现了不同 IDS 之间的消息交换和协同检测。通过 SNMP-IDSM 模型,各个 IDS 可以共享信息资源,实现更加高效和全面的入侵检测,提高了网络安全防护的整体水平。

2. 计算机入侵检测技术的分类

入侵检测技术在实践中根据不同的标准和方法被划分为多种类型,这些分类方式包括了对系统各个模块运行分布的分类、检测对象的分类以及所采用的技术分类等。

(1)根据模块运行分布方式的分类,入侵检测技术可以分为集中式入侵检测系统和分布式入侵检测系统两大类。集中式入侵检测系统中的所有模块都在单一主机上运行,适合于网络环境相对简单的场景;而分布式入侵检测系统则将各个模块分散部署在网络中的不同计算机和设备上,适合于网络环境较为复杂或数据流量较大的场景。这种分类主要考虑了入侵检测系统在不同网络环境下的部署灵活性和运行效率。

(2)依据检测对象的不同,入侵检测技术可分为基于主机的入侵检测系统(host-based IDS,HIDS)和基于网络的入侵检测系统(network-based IDS,NIDS)。基于主机的 IDS 主要从单个主机中获取数据,通过监控系统日志、应用程序日志等来识别潜在的入侵行为,其重点在于保护单个系统主机的安全;而基于网络的 IDS 则监控整个网络中的数据包传输,通过分析网络流量来识别入侵行为,其目标是保护网络范围内的所有计算机。这种分类侧重于入侵检测系统所关注的数据来源和保护范围。

（3）根据所采用的技术进行分类，入侵检测技术主要分为异常检测和误用检测。异常检测系统以系统的正常行为作为基准，通过监测和比较当前活动与正常行为的偏差来识别入侵行为；而误用检测系统则通过收集已知的恶意行为模式，建立攻击特征库，并根据这些特征来匹配和识别入侵行为。这种分类侧重于入侵检测系统所采用的检测策略和技术方法。

（二）计算机入侵防御系统与入侵管理系统

随着计算机网络技术的迅猛发展，网络安全风险日益增多，对网络安全的需求也变得日益迫切。传统上，防火墙是网络安全的主要防御手段。然而，随着网络攻击手段的不断演变和日益复杂化，仅凭防火墙已经无法满足对网络安全的全面保护需求。因此，入侵检测系统（IDS）作为对防火墙的重要补充，逐渐成为网络安全体系中的关键组成部分。IDS 的引入极大地增强了网络系统的安全管理能力，涵盖安全审计、监视、攻击识别和响应等多个方面，提升了信息安全系统的整体防护水平。

IDS 作为防火墙之后的第二道安全防线，其核心作用在于快速识别网络攻击、防范来自内部和外部的攻击威胁，以及避免误操作等。与防火墙相比，IDS 能够在不显著影响网络性能的前提下，对网络进行持续的实时监控和深入分析，及时揭示潜在的安全威胁。IDS 的优势不仅在于能够检测已知的攻击模式，更在于其发现新型威胁和未知攻击手段的能力，为网络安全提供了更为全面的保障。

技术的持续进步推动了 IDS 向新的发展方向演进，入侵防御系统（IPS）和入侵管理系统（IMS）便是在此过程中应运而生的新技术。这些系统基于传统 IDS 技术，但进行了显著的改进和功能扩展。IPS 具备主动防御功能，能够对检测到的攻击行为进行实时响应，有效阻止攻击者对网络系统的进一步渗透。IMS 则提供更为综合和智能化的安全管理功能，全面监控、分析和管理网络安全事件，为系统管理员提供了更为高效和便捷的安全管理工具。

1. 计算机入侵防御系统 IPS

入侵防御系统（IPS）是计算机网络安全设施的关键组成部分，在网络安全领域扮演着不可替代的角色。与传统的防火墙和入侵检测系统（IDS）相比，IPS 提供了更为主动和全面的安全防护机制。它能够在网络中及时拦截和阻止恶意网络流量，有效防范各种网络攻击行为，从而保障网络系统的安全性和稳定性。

传统的防火墙主要通过实施访问控制策略来检查和过滤网络流量，但这种方法存在局限性，难以有效应对复杂多变的网络攻击。而 IDS 虽然能够监控网络流量、发现异常行为并发出警报，它本质上属于被动防御机制，通常只能在攻击发生后才能做出反应，无法阻止攻击的实际执行。

与此相比，IPS 更倾向于提供主动防护。其设计目的是在攻击发生前即时拦截和阻止恶意流量，以避免潜在损失。IPS 通常采用串联部署方式，直接集成到网络流量中进行实时检查和过滤。一旦发现攻击行为，IPS 能够立即进行阻断处理，有效保护网络系统安全。相较于 IDS，IPS 的工作原理更为主动，能够对每个网络数据包进行实时检查和过滤，并在检测到攻击时自动阻止，为网络安全提供更为坚实的保障。

然而，IPS 在实际部署和运行中也面临一些挑战和限制。首先，IPS 存在单点故障的风险，一旦设备出现故障，可能会对整个网络系统造成严重影响。其次，IPS 的性能可能在高流量环境下受限，存在出现性能瓶颈的可能性。此外，IPS 系统还可能遇到误报和漏报的问题，即错误地将合法流量判断为攻击，或未能检测到实际的攻击行为，这些都可能影响 IPS 的准确性和可靠性。

2. 计算机入侵管理系统 IMS

入侵管理系统（IMS）作为一种综合性的网络安全技术，融合了入侵检测系统（IDS）和入侵防御系统（IPS）的功能，并通过统一的平台进行统一管理，从系统的层次来解决入侵行为。IMS 技术的实施旨在通过一系列有序的措施，有效预防、检测和应对网络入侵事件，保障网络系统的安全和稳定运行。

（1）IMS 具备大规模部署的特征。

大规模部署是实施入侵管理的基础条件，通过在网络中广泛部署 IMS 系统，能够实现对网络安全的全面监控和管理，从而更有效地发现和应对潜在的安全威胁。IMS 系统的大规模部署能够将各个节点的安全监控能力有机整合起来，形成一个完整的网络安全保护体系，为网络安全提供更为坚实的基础支撑。

（2）IMS 具备入侵预警的能力。

入侵预警是 IMS 系统的重要功能之一，通过先进的检测技术和全面的检测途径，能够及时发现并预警网络中的潜在入侵行为，从而尽可能缩短攻击者与系统响应之间的时间差，减小损失并保障网络安全。入侵预警的快速响应能力是 IMS 系统的核心优势之一，也是其在网络安全防护中不可或缺的功能。

（3）IMS 具备精确定位的特性。

在发生入侵事件后，IMS 能够通过精确的定位功能，帮助管理人员及时准确地确定问题的区域和来源，并实现对入侵行为的有效控制和应对。精确定位功能的实现不仅有助于降低入侵事件的影响范围，还能通过关联其他安全设备，进一步阻止攻击的持续发生，提升网络安全的整体防护水平。

（4）IMS 具备监管结合的特点。

监管结合是 IMS 系统的管理模式之一，通过将检测提升到管理的层面，形成自改善的全面保障体系。IMS 系统通过对资产风险的评估和管理，实现对网络安全状况的全面监管和有效管理。监管结合不仅需要依靠人员的实施，还需要具备良好的集中管理手段和全面的知识库和培训服务，以提高管理人员的知识和经验，保证应急体系的高效运行。

第三节　人工智能技术在电气自动化领域中的应用

一、人工智能技术在系统设计优化中的应用

电气优化设计是一项要求高度专业知识和复杂设计流程的任务，它涉及多方面

的考量因素。在设计过程中，除了要在方案的成本效益比上做出权衡，还必须考虑到项目的社会效益。仅依赖设计人员的经验可能无法完全确保方案的可靠性，可能会留下潜在的风险。

为了提升电气工程优化设计的质量与可靠性，人工智能技术被引入电气自动化领域，助力系统的优化设计工作。利用这种方法，可以确保电气系统的高效与稳定运行。但是，工作人员本身也需具备高水平的专业素养、设计能力以及实际操作经验，这是确保优化设计方案质量的关键。

人工智能技术，例如人工神经网络算法和深度学习算法，结合大数据分析，可以用于自动生成更为优化的电气工程设计方案。这些先进的算法能够处理复杂的数据集，并从中提取出有价值的信息，辅助设计人员做出更明智的设计决策。通过将人工智能技术融入电气优化设计流程，可以更有效地实现设计方案在合理性、经济性和社会效益之间的平衡。

二、人工智能技术在系统故障检测中的应用

（1）精准故障定位与优化方案提供。

人工智能技术，例如神经网络，能够通过学习与分析大量的数据来识别各种故障类型，并根据具体情况提供相应的优化解决方案。这种方法不仅有利于提高故障定位的准确性，而且能够迅速调整参数，以防止故障造成更大的损害。

（2）快速故障检测。

机器视觉技术具备快速监测电气设备状态的能力，能够迅速识别出异常情况，甚至检测到人眼难以观察到的问题，从而有助于避免潜在的安全风险。

（3）实时监控与反馈。

利用人工智能技术，可以对电气设备的运行状态进行实时监控，一旦发生问题，系统能够立即将信息反馈至控制中心或客户端。这样的即时反馈机制有助于及时采取应对措施，确保系统的安全稳定运行。

(4)数据分析与处理。

通过大数据技术进行信息采集和统计分析,人工智能可以对实时问题进行深入分析、归类和汇总。这有助于揭示潜在的趋势和模式,进而更有效地预测和防范未来可能出现的故障。

三、人工智能技术在实践操作中的应用

(1)简化操作流程。

人工智能技术能够通过各种自动化流程,简化复杂的操作步骤,减少操作环节,从而减轻操作人员的工作负担,并降低操作过程中的风险。

(2)远程控制与监测。

利用结合了人工智能算法、云计算和互联网技术的手段,可以高效实现对设备的远程控制与监测。专业人员可以通过定制化的操作客户端,远程监控和操控设备,及时发现并解决潜在问题,确保系统的稳定运行。

(3)实时数据上传与分析。

通过将关键数据实时上传到云端,结合分布式控制和远程操作技术,可以对数据进行采集和深入分析。这种实时的数据分析有助于快速发现问题并进行相应的优化,从而显著提升生产效率。

(4)大数据分析。

人工智能技术,尤其是大数据分析的应用,使得我们能够处理和分析海量数据,揭示其中隐藏的趋势和模式。这些深刻的洞察力能够帮助决策者做出更加明智的决策,优化操作流程和提高整体性能。

四、人工智能技术在生产制造中的应用

(1)参数调优与匹配。

人工智能技术能够分析大量有价值的数据,实时调整系统参数,实现对物料温度、湿度、运行时间等关键生产因素的精确控制。这种优化确保了在多变的生产场景下,系统能够维持在最佳工作状态。

(2）生产系统优化。

人工智能技术通过采集和分析生产数据，能够对整个生产流程进行优化。它可以帮助识别并消除生产瓶颈，提高生产效率，减少资源的无效消耗。

(3）供应链协调。

人工智能技术有助于将生产系统与供应链环节紧密连接，实现更高效的协调。这种整合可以提高生产系统对市场需求变化的响应速度，有效降低库存积压和产品滞销的风险。

(4）自主学习与决策。

深度神经网络等人工智能技术具备自主学习的功能，能够根据累积的数据不断优化决策过程。这使得生产系统能够更加智能化和自适应，提高生产管理的灵活性和效率。

五、人工智能技术在质量检测中的应用

在大规模生产中，对每种产品逐一进行规范检查是一项单调且重复的任务，受到多种因素的限制。传统的电气自动化领域检测技术仅能实现基本的产品检测和初步筛选不合格产品，有些生产过程甚至还需要人工进行产品质量检测。然而，人工检测容易受到疲劳影响，降低检测准确度，同时也耗时费力。通过应用人工智能技术，可以有效地解决上述问题，实现更智能和高效的产品质量检测。

(1）智能检测和数据统计。

利用人工智能技术，特别是结合机器视觉技术和人工智能算法，可以对产品质量情况进行智能检测和数据统计。这样的方法能够在实时检测的情况下降低误报率，并能根据产品检测需求调整检测的精确程度，从而提高检测效率。

(2）自动化生产线集成。

结合电气自动化生产线，可以实现自动化的检测、判断和处理流程。通过将人工智能技术应用于生产线，可以在不需要人工干预的情况下完成产品质量检测，并根据检测结果进行进一步处理，提高产品的合格率。

（3）节约成本和提高效率。

应用人工智能技术实现自动化检测可以节约大量的人工成本，降低人为疲劳带来的检测准确度下降问题。同时，通过提高合格率和减少不合格产品的流入，也能够显著提升生产效率。

第四节　人工智能技术在出版行业中的应用

"近些年，伴随着人工智能技术的不断创新与升级，越来越多的行业都可以看到人工智能技术的身影，人工智能技术正在逐步被引入和应用到更专业的领域当中，成为推动行业转型的强劲助推力量之一。就图书出版业而言，人工智能便是一种极具代表性的新型应用形式。"[①]

一、人工智能技术在专业内容生产中的应用

在一个出版产业链条中，内容的生产是最基础的部分，也是人工智能技术应用最多、最广泛的部分，内容生产的好坏直接影响着出版物的质量，而相比于传统出版时代内容生产无法把控的情况，人工智能技术则可以大幅缩短内容生产的周期，并能够更加精准和系统地对用户的数据进行采集统计，已应用到出版内容的制作中去，而且给出版业带来了新的"场景"的概念。

专业出版是指在某些专业领域，以专业的行业知识为基础，通过书籍、期刊或互联网等媒体将专业知识传播出去，以达到学习探讨研究目的的出版部分，具有读者群较少且固定，内容专业不易懂，只适用于某些特定出版社出版等特点。人们所常见的科技、专业医学、法律和金融等领域的出版都可以划到专业出版的范畴里。

智能科技已经逐步渗透到了工作生活的各个领域，例如"人工智能+法律""人工智能+医疗"等热词已经频繁见诸报端，由此而生的专业出版物也要充分做好与智能技术的连接工作，致力于通过人工智能技术将该领域的学科内容更立体化、更生

[①] 魏丹丹. 人工智能技术在图书出版中的应用研究[J]. 采写编，2024（2）：115-117.

动直观地展示出来，同时也能方便读者检索和学习，以便更好地为专业领域的读者服务。

（一）人工智能技术提升专业出版水平

人工智能技术，依托于算法模型和数据库的构建，通过预设的计算机算法对海量数据进行快速的梳理和分析，迅速输出统计或分析结果。在实际应用中，算法模型和数据的结合必须针对特定行业和知识服务体系，以实现更高的应用价值。人工智能技术的应用需要聚焦具体场景，细分不同领域，并基于专业知识建立相应的算法模型，以提供更加专业化的服务，增强专业出版领域的专业性。

以法律出版领域为例，自然语言处理和深度学习技术已经在数字法务服务平台和法律机器人中得到应用。语音识别和语义分析技术能够更准确地把握用户需求，结合法学知识图谱，实现更有效的人机交互。深度学习技术还能根据历史案例自动生成法律文书，自动识别案例间的相似性和差异性，减轻人工重复劳动，为法律文案撰写和法制图书编撰提供专业技术支持。此外，触摸一体机、在线咨询、智能问答等新技术、新产品，能够连接用户与律师事务所或法律宣传单位，提供一站式咨询服务，使得法律事务的线上咨询办理成为可能，既提供专业知识服务，也助力法律普及教育。

在医学出版领域，主要研究集中在如何更有效地帮助读者理解医学知识，构建医学模型。智能技术可以直观展示人体生理结构，辅助制定医疗方案。例如，《3D系统解剖学》利用 VR 技术让学习者能够自主组装人体模型、再现医疗场景和模拟抢救实操训练，这样的系统让医学出版的实用性和专业性更加突出。

展望未来，人工智能机器人甚至能够提供远程诊断服务。以 IBM 的沃森机器人为例，通过学习数百万专业医学书籍和文献，沃森能够掌握医疗知识并应用于临床诊断。尽管存在误诊的可能性，但随着数据库的持续更新和神经网络技术的不断进步，点对点远程医疗有望有效缓解医院看病难的问题。IBM 开发的另一项技术——患者全息视图，利用全息视觉影像技术，将患者模型及管理模型高度抽象化，为临床决策和医院精细化管理提供支持。

在人工智能技术的推动下，专业出版领域通过智能技术建立专业数据库，根据不同领域的特点刻画算法模型或知识图谱网络。由于各专业领域的规则差异，难以用统一模式概括，但多样化的算法模型可以实现对不同用户群体的定制化服务，推动专业出版领域向场景化和交互化发展，从而实现更高层次的专业化。随着人工智能技术在专业出版领域的应用不断深入，其发展前景值得期待。

（二）人工智能协助学术出版检索与查重

在专业出版的众多分支中，学术出版领域尤其需要人工智能技术的助力。学术出版因其专业性、指导性和前瞻性而在学术界占据着举足轻重的地位，对学术研究的健康发展至关重要。近年来，学术文献的抄袭和造假问题日益突出，加之学术文献数量的爆炸性增长，传统的查重和检索方法已难以满足当前的需求，人工智能技术的引入显得尤为迫切。

传统的查重工具和系统多依赖于对文献中的文字和词语进行简单对比，这种方法存在明显的局限性。这些系统能够访问的学术文献数量有限，且无法准确判断文字相似性背后的真正意图，导致查重报告的准确率并不理想。相比之下，基于云存储和大数据技术的人工智能系统能够录入并分析海量的学术文章。通过运用语义分析技术，这些系统不仅能够逐字逐句地进行比对，还能在段落层面上进行综合判断，从而提供更为准确和可信的查重报告。

在文献检索方面，现有的搜索引擎往往无法全面访问元数据和引用指标，而基于知识图谱和大数据技术的检索系统则能够提供更为广泛的检索网络。例如，微软学术搜索能够根据输入的学者或主题词，不仅显示目标文献，还能提供该学者的其他文献、领域内的最新研究成果和现状链接，并智能评估每篇文章的学术价值，实现有针对性地推荐。

此外，人工智能的深度学习技术还可以用于建立"元文献审查评估"功能，自动提取文献的关键词、特征和研究方向，评估文献的学术价值，并预测引用数量。这种基于算法的评估过程能够有效剔除文献中的无效信息，为学术研究提供更为精确的参考内容。与人工评审相比，人工智能的评审过程更为高效，能够节省大量时间和资源。

尽管人工智能在学术出版领域的应用前景广阔，但也面临着数据开放存取、算法伦理等挑战。然而，随着技术的不断进步和完善，人工智能技术在学术出版领域的应用将进一步提升学术文献的科学性、专利性和专业性，使学术文献的存取和管理更加高效有序，为学术界带来更加智能化的应用体系。

二、人工智能技术在内容审校中的应用

我国出版业智能化探索起步较晚，目前人工智能在出版业的应用多体现在内容的生产制作和发行环节中，编辑加工环节的智能化革新还在逐步摸索尝试，但恰恰编辑加工流程的程式化、规范化特点能够无缝匹配人工智能算法快速计算、快速转换的优势，人工智能在审读校对和智能排版设计领域的未来大有用武之地。

编辑加工环节是出版物出版过程中不可或缺的一个重要组成部分，而校对又直接关系着出版物的内容质量，一个出版物差错率的高低直接取决于审校流程的校对结果，并且审校能力也是最考验一个编辑出版水平的标杆。出版业虽有"三校一读"制度来保证校对过程的准确率，但毕竟校对是个高要求、烦琐的工作，其客观性和规范化的特点使编校过程更适合人工智能的程式算法来处理，人工智能技术已经在逐渐开始涉足内容审校领域。

（一）应用人工智能技术的背景

在传统出版领域，审读校对一直是一项至关重要的任务。从作者手中收到的稿件到最终出版物的质量，校对环节承担着至关重要的责任。各地方新闻出版广电局对出版物质量的检查也以此为重中之重。传统的校对工作需要编辑逐字逐句地阅读稿件，通过自身的编辑知识发现并标记错误或疑点。这不仅对编辑的专业知识有要求，还考验着编辑的体力和眼力。稍有疏忽，就可能导致漏掉错误。更复杂的情况是在处理手写稿件时，由于字迹难以辨认，校对工作变得更加困难。即使在电子稿件时代，编辑们仍然面临着密密麻麻的文字，想要无误地发现每一个问题依然不易。

随着人工智能技术的发展，基于大数据和知识图谱分析的智能编校排系统正逐

渐崭露头角。尽管目前还处于试验阶段，但这种技术势必会引发一场新的"智能校对革命"。传统的人工校对虽然需要耗费大量时间和精力，但随着智能系统的引入，这些问题或许会得到解决。这种程序化、规范化的工作对于人工智能来说是一个天然的发挥场所，因为它具备处理大量信息、快速识别模式的能力。

智能编校排系统的出现将为出版业带来新的机遇和挑战。一方面，它可以大大提高校对效率，减少人为错误的出现，为出版物的质量保驾护航；另一方面，它也可能对传统的编辑工作模式带来冲击，因为一些传统编辑工作可能会被智能系统所取代。但无论如何，这都是不可逆转的趋势，传统出版企业需要积极拥抱这一变革，从中寻求突破和发展的机会。

因此，可以预见，在智能技术的推动下，编辑校对领域将迎来一次革命性的变革。智能编校排系统的应用将成为提升出版效率、提高出版质量的重要手段，同时也将为传统出版企业带来新的发展机遇。

（二）校对校改流程的智能化尝试

在当今的出版行业中，校对环节依旧大量依赖于纸介质，尚未实现审校过程的智能化，这使得出版业仍然是一个劳动密集型的行业。为了推动出版业向智能密集型转型，人工智能技术在出版业的应用成为一项重要的历史任务。人工智能校对模式的研究，不仅是对传统校对流程的智能化改进，也是出版行业技术革新的一次有益尝试。

人工智能技术在文稿校对中的应用，主要是通过将文稿内容与人工智能系统中的语料库和语言模型进行比对，识别并标记出不匹配的部分。在这一领域，基于海量语料库和深度学习算法技术的智能辅助校对软件，如黑马校对软件，已经成为业界常用的工具。黑马校对软件通过积累的庞大语料资源和语言语境用法知识信息，能够识别大多数专业用语和行业用语。其深度学习算法采用 tensorflow 模型构建的 lstm 网络，对各类语料进行量化分析、统计和迭代学习，同时使用高倍信息压缩和汉字高精度密集切分技术，构建语言模型以对比语料库，实现文字的纠错查错功能。此外，黑马校对软件所收录的语言文字规范均为最新版本的权威工具书，如《现代汉语词典》《辞海》《语言文字规范使用指南》等,确保了校对的权威性和规范性。尽管如此,黑马在校对时也存在一些局限性,如形式思维固定、特定词语智能化指数不高、缺乏灵活性等问题,因此,不能完全依赖于人工智能校对,人机协同的校对模式仍然是出版企业校对过程中应当采取的形式。同时,黑马软件还需要进一步完善自然语言处理技术,通过赋予字词不同的含义并结合语境来判断表述是否正确,以提高使用场景的准确性。

在计算机编程语言技术方面,VBA 技术作为 Microsoft Office 工具包中的一种批量式计算机操作语言,可以通过编写 VBA 代码实现对文档中敏感词条的填充、比对和高亮显示,从而实现一键自动编校的智能系统。然而,这种系统要求使用者具备高级别的计算机知识,掌握编程语言,且存在功能单一、局限性大等问题,因此难以在出版业中得到广泛采用。

在敏感词的识别方面,随着电子出版媒介的兴起,电子书和有声读物逐渐成为读者日常生活中的一部分,数字平台上发布的电子读物同样需要校对和审核。基于海量语料库智能的敏感词识别系统,如网易公司推出的网易易盾,利用网易云的大数据技术,建立了一个储存数百万敏感词的语料库,有效识别电子出版物上的敏感词,保护数字阅读环境的健康发展。相比于人工审核,人工智能技术在节省时间、提高准确性、时效性方面具有显著优势。

协同编撰系统在群体智能时代已非新概念,人工智能为协同编辑模式提供了新的发展内涵。基于协同编撰模式的自主校稿也是一个可行的尝试。通过数字一体化的编校排系统,将内校、外校、自校、他校整合为一体,利用群体智能自主进行编撰、校对、排版的全流程操作,这将是未来出版业编辑加工环节生产方式的重大变革。

尽管在字词校对方面有黑马软件、方寸软件,在敏感词识别方面有网易云易盾等人工智能技术的应用,但这些智能校对产品在智能化程度、深入语境识别等方面仍有不足。提升对整个句子、古籍文献、科技名词、同音不同义词语等内容的校对能力,将是出版业审校智能化发展的重要方向。通过不断优化和完善人工智能技术,未来出版业的审校流程有望实现更高程度的自动化和智能化,从而提高出版效率,降低成本,推动整个行业的转型升级。

三、人工智能技术在印刷流程中的应用

在传统出版流程中,印前、印刷、折页、堆码、装订、物流等环节构成了印刷部分的 6 个关键步骤。这些环节在以往是相互独立、由不同人员分别管理的,缺乏有效的关联性,这无疑对印刷效率产生了不利影响。然而,随着技术的持续进步和印刷设备的不断革新,人工智能技术开始参与到出版印刷的各个环节中,为行业带来了显著的变革。

CTP 直接制版技术、直接印刷技术、数字制版技术以及按需出版技术等新兴技术的应用,标志着印刷环节正逐步从规模化生产向智能化生产转变。特别是 JDF 标准的制定,为印刷前后信息的输入输出提供了规范化和标准化的格式,进一步推动了智能印刷技术在生产实践中的应用。

印刷智能化的显著特点之一是对数据的高效分析处理能力,以及设备的联网化。在人工智能时代,信息共享成为常态,不同计算机间的互联互通使得数据能够在印刷机器间自由传播和转换,这种信息共享实质上是"协同编辑思维"在机械层面的一种体现。信息共享的实现使得协同编辑模式成为出版社的首选。同样,印刷设备的协同工作也依托于大数据共享网络,无论是书籍需求信息还是稿件修改意见,都能够实现即时全面地传递,显著提升了印刷效率。

按需印刷的实现则是人工智能技术"个性化定制思维"的体现。人工智能对传统出版业的实质性重塑不在于出版物形态的升级,而在于出版生产方式的变革。数据收集变得更加容易,出版企业与读者之间的壁垒被打破,个性化定制成为可能。按需印刷的普及不仅延长了某些出版时间较久的出版物的生命周期,还节省了出版社的库存成本。基于大数据的存储技术和视觉扫描技术,智能化印刷设备还能够识别模糊、磨损或有污渍的纸张,并利用语义识别技术对原文进行修复,这展现了按需印刷智能化的一个侧面。人工智能技术所赋予按需印刷的"个性化"不仅仅是指

"与众不同",更是一种不受时间、内容、材质限制的独特印刷体验,推动着按需印刷技术向更符合读者需求、更具针对性的智能化方向发展。

CTP 直接制版技术作为一种数字智能制版印刷技术,近年来得到了越来越广泛的应用。它能够实现从电子计算机直接到印版的一步成版过程,即"脱机直接制版"。通过计算机控制的激光扫描成像技术,配合显影和定影等步骤,直接印版,省去了传统胶片媒介的环节,将文字或图片信息转换为数字信息,实现快速识别和转化。CTP 技术通过计算机控制管理,实现了人力的完全摆脱和远程印刷的可能,这在出版印刷实践中得到了广泛应用。

在标识系统方面,人工智能技术的引入也促进了工厂印刷环节智能标识操作的发展。例如,Metronic 公司的按需喷墨、热烫印和激光烫印技术,能够提醒操作人员如何注入墨水及进行具体操作;Bauer Coding 公司则将增强现实技术应用于印刷监控和管理系统,使印刷人员能够通过 AR 扫描在线监管设备运行情况,并在平板电脑上远程更换墨水,甚至在出现故障时通过 AR 投影快速定位问题。这些智能标识技术的应用,不仅提升了印刷流程的智能化水平,还实现了管理决策与生产运行的即时连接,为设备状态的即时提示、记录和识别提供了可能。

人工智能技术在智能印刷工厂生产运作的完善中也起到了关键的作用。通过信息和数据的共享,从印前到物流的各个环节,包括仓库管理设备、物流设备、机器人集成系统以及云服务平台,都实现了相互协同和合作。这种智能化管理得益于数据的连接和共享,使得印刷工厂可以由中心计算机控制,取代了传统印刷工厂中分散式、人工控制的管理模式。中心计算机能够即时监测设备运行情况,并进行调度调配或发布命令,这些都是基于各环节设备产生的数据经过处理的结果。从根本上讲,印刷管理的智能化归结为数据处理的智能化,它极大地提升了印刷行业的生产效率和管理水平。

第七章　大数据技术在不同领域中的应用探索

第一节　大数据技术在企业财务管理中的应用

一、大数据技术在筹资管理中的应用

筹资是企业为了满足生产经营、对外投资和资本结构调整等需求而采取的一种行动。作为企业财务管理的关键环节，筹资管理对于后续的投资、生产经营和利润分配至关重要。随着云会计的发展，企业筹资管理获得了良好的技术支持。如何利用云会计平台获取与筹资管理相关的数据，并运用这些数据构建企业筹资管理模型以提高决策效率，成为当前企业云会计应用中亟须解决的关键问题。

根据云会计的服务功能，可以提出基于云会计的筹资管理模型。该模型包括数据层、基础设施层、平台层、应用层和硬件虚拟化层，每一层都由相应的服务组成。数据层负责收集和存储与筹资管理相关的信息；基础设施层提供运行环境和数据处理能力；平台层提供数据分析和处理的工具和平台；应用层将数据和分析结果应用到实际的筹资管理决策中；硬件虚拟化层则提供了灵活和高效的硬件资源支持。

（一）基于 DaaS 的数据获取

利用数据即服务（DaaS）获取的与企业筹资决策相关的数据资源相当丰富。这些数据包括了企业内部 ERP 系统生成的财务状况、经营状况、成本结构以及决策者的态度等结构化数据，同时也包括了来自企业外部的财税政策、资本市场、行业因素以及中介机构等半结构化和非结构化数据。

数据获取模块可以借助物联网技术，通过图像扫描、条码识别、传感器收集等方式来获取大量与筹资决策相关的数据。这些数据通过数据传输模块传送到数据处理平台，进行进一步的分析和处理。

(二)基于 PaaS 的数据分析

利用平台即服务(PaaS)构建云会计数据分析平台,这是一种行之有效的做法。通过层次分析、TOPSIS 法、贝叶斯分析等多种数据分析方法,以及关联规则挖掘、决策树、人工神经网络等数据挖掘技术,对经过处理后的标准数据进行筛选、转换,能够更深入地分析出与预测筹资规模、选择筹资方式、控制筹资成本相关的信息。这样的平台不仅能够提供全面的数据分析支持,还能够为企业在财务决策中提供更加准确的参考依据,进一步提高决策的科学性和准确性。

(三)基于 IaaS 的数据处理

利用基础设施即服务(IaaS)搭建云会计数据处理平台是一种高效的方法。该平台通过 ETL 工具对数据层获取的数据进行抽取、转换、加载,将数据存储到多个数据仓库中。同时,结合 Hadoop、HPCC、Storm 等大数据处理技术,对各类结构化、半结构化、非结构化数据进行深入分析和处理。最终,处理后的数据被存储在企业的 DBMS、File、HDFS 等数据中心,为企业提供可靠的数据支持。这样的数据处理平台能够提高数据处理效率,为企业的决策提供更加全面和准确的数据基础。

(四)基于 SaaS 的筹资决策

利用软件即服务(SaaS)来构建云会计的各类应用系统,具体包括筹资规模预测系统、筹资方式选择系统和筹资成本控制系统。

1. 筹资规模预测系统

对于筹资规模预测系统,企业需要综合考虑内部和外部融资需求。

(1)通过数据分析平台得出企业未来的销量、价格、销售净利率等指标,计算出新增的留存收益金额,作为内部融资的一部分。

(2)根据采购量、价格、付款方式等数据,测算出自然融资的金额,这也是企业内部可获得的资金。

(3)通过计算得出企业总的资金需求量,并从中减去留存收益和自然融资提供的资金,得出外部融资的需求量。

这样的系统能够更准确地帮助企业预测未来的融资规模，为决策提供重要的参考依据。

2. 筹资方式选择系统

在选择筹资方式时，企业需全面考虑各种因素，以确保选择最适合自身情况的方式。权益筹资、债务筹资和混合性筹资是企业常用的筹资方式，而选择具体方式时，企业需要依托数据分析平台提供的信息进行判断和分析。

（1）企业可以通过数据分析平台来了解投资者的投资意向和对企业资产的估价情况，这将为企业是否选择吸收直接投资提供重要参考。

（2）通过分析股票、债券等证券数据以及企业的盈利指标和股利分配方案，企业可以判断是否适合发行普通股、优先股或企业债券等权益性融资方式。

（3）企业可以通过对比分析不同银行的信贷条件，来确定是否选择银行借款作为筹资方式。

（4）通过比较分析不同公司的融资租赁条件，企业可以决定是否选择融资租赁作为筹资方式之一。综合考虑各种因素，并结合数据分析平台提供的信息，企业能够更加科学地选择合适的筹资方式，为企业的发展提供稳定的资金支持。

3. 筹资成本控制系统

在筹资成本控制系统中，企业需要综合考虑资本成本、资本结构和筹资风险等因素，以确保筹资成本的最低化、资本结构的最优化和筹资风险的最小化。

（1）企业可以根据筹资费用、用资费用、现金流量等信息，分别计算不同筹资方式的个别资本成本，以比较它们的优劣，并计算加权平均资本成本来评估资本结构的合理性，同时计算边际资本成本来判断是否需要增加筹资。

（2）企业可以根据每股收益、折现率、企业价值等信息，运用每股收益无差别点法和企业价值分析法，选择不同的筹资方式，以达到最佳资本结构状态。

（3）通过分析经营杠杆和财务杠杆，判断企业的经营风险和财务风险，并及时调整销量、价格、成本、利息等指标，以降低企业的筹资风险。

综合利用这些方法和工具,企业能够更有效地控制筹资成本,优化资本结构,降低筹资风险,从而保障企业的稳健发展。

(五)基于 HaaS 的服务器集群

在探索硬件即服务(HaaS)的潜力时,可以发现其为构建具有高度弹性的服务器集群提供了坚实的硬件基础。这一集群的构建,旨在为云会计企业筹资管理系统提供稳定而灵活的硬件支持。集群的架构设计精巧,涵盖了多个层次,确保了数据处理的全面性和高效性。

数据层作为基础,包含了数据获取和传输模块,它们负责从源头捕获信息并将其快速、安全地传输至下一处理阶段。基础设施层则进一步深化了数据处理和存储,通过高效的算法和存储技术,确保了数据的准确性和可访问性。平台层则通过数据分析和数据挖掘模块,对数据进行深入的分析和价值提取,为决策提供科学依据。

最终,应用层的模块设计直接关联到企业筹资管理的核心需求。筹资规模预测模块能够准确预测企业的资金需求,筹资方式选择模块则为企业提供了多样化的筹资渠道选择,而筹资成本控制模块则致力于优化筹资成本,实现资金使用的最大化效益。整体而言,这一服务器集群的构建,不仅为云会计企业筹资管理系统提供了强大的硬件保障,也通过各层次的协同工作,提升了整个系统的运行效率和决策质量。

二、大数据技术在财务决策中的应用

(一)大数据技术应用的可行性分析

1. 技术可行性分析

技术方面的可行性分析显示,计算机硬件技术的不断发展为企业财务决策平台提供了坚实的硬件基础。同时,数据仓库、智能财务系统等先进软件为多样化、智能化的财务决策平台提供了重要的软件支持。

在大数据技术方面,大数据收集技术的应用使得企业能够更好地采集和处理非结构化数据,极大地提升了企业对这类数据的利用效率。互联网系统和智能终端的发展拓展了企业获取非结构化数据的途径，丰富了数据信息基础，提高了财务决策的准确性。企业管理人员运用大数据处理技术，能够更好地分析经营业务和财务活动数据，挖掘出数据背后的潜在价值，为财务决策提供更可靠的依据。

另外，从数据到图形的可视化技术，能够帮助企业管理人员更直观地理解财务指标的分析结果，从而更有效地制定财务决策方案。综上所述，技术方面的可行性分析表明，当前的技术水平已经足够支持企业建立并运用多样化、智能化的财务决策平台，从而提高财务决策的效率和准确性。

2. 经济可行性分析

经济方面的可行性分析显示，现代企业的经营活动都离不开成本效益的评估，财务决策也不例外。基于大数据技术的财务决策同样需要考虑经济效益原则，以降低企业成本、合理利用现有资源为目标。在企业财务决策中引入大数据技术，一方面能够利用大数据收集技术获取所需数据，然后通过大数据分析和挖掘技术，发掘数据的价值，辅助企业做出精准有效的决策，从而创造更大的收益。另一方面，大数据技术主要需要进行软件系统开发，数据的获取可以通过与企业内部系统和互联网连接来实现，无须额外投入购买硬件设备。数据的分析和处理也只需在软件系统上进行，成本相对较低。因此，大数据技术在企业财务决策中的应用成本低，但带来的效益却很高。对于一般企业而言，承担大数据技术的使用费用是可以接受的。

（二）大数据技术应用的基本要求

1. 以财务原理为指导

在企业财务决策的领域中，大数据技术的应用正日益展现出其独特的价值。这种应用并非孤立进行，而是在财务基本原理的指导下，以一种系统化和科学化的方式进行。大数据技术作为辅助工具，其优势在于以下几方面。

（1）大数据技术的应用能够基于财务分析和决策的基本原理，形成一种清晰的数据分析思路。这种思路有助于企业管理层在面对复杂的财务数据时，能够快速识别关键因素，选择恰当的分析方法，从而为企业的财务决策提供有力的参考。

（2）当财务分析的结果与实际情况出现偏差时，大数据技术提供了一种修正机制。企业管理人员可以根据财务基本原理，对大数据平台中的模型和公式进行校验和调整，从而确保分析结果的准确性，减少决策失误的风险。

（3）大数据技术的应用为财务决策提供了坚实的理论基础。这种基础不仅确保了分析结果的可靠性，而且使得这些结果能够被财务决策人员有效利用，从而在实际的财务管理中发挥出应有的价值。

（4）大数据技术还能够通过实时分析和预测，帮助企业及时捕捉市场动态和行业趋势，为财务决策提供前瞻性的视角。这种能力在快速变化的市场环境中尤为重要，能够帮助企业把握先机，做出更为精准的财务规划和决策。

2. 智能化原则

智能化，是大数据技术应用于企业财务决策过程中的重要实现目标。具体表现如下。

（1）实现数据的数字化管理。

企业财务管理人员应当充分利用大数据处理技术，将企业获取的各种数据信息以数字化形式进行存储管理。这样做可以确保基于大数据技术的财务决策平台能够及时、有效地对数据进行分析，并根据分析结果为财务人员的决策提供支持。通过数字化管理，企业可以更加高效地管理和利用数据资源，为财务决策提供更可靠的数据基础。

（2）连接企业内部和外部信息系统。

基于大数据技术的企业财务决策平台应当与企业内部所有部门的信息系统进行连接，并与所有子公司的财务和非财务数据仓库进行对接。这样可以实现企业内部各部门之间信息数据的畅通交流，同时也能够获取和整合来自外部的信息数据。通过连接内外部信息系统，企业可以实现财务决策平台的智能化管理，更好地把握企业的整体情况和外部环境，为决策提供更全面、准确的信息支持。

(三）企业财务决策平台的功能需求

将大数据技术引入企业财务决策中，旨在更好地实现财务目标，协助财务管理者拟定决策方案，提升效率。通过分析企业财务和业务数据，可评估企业状况，协助管理层及时做出科学决策。在财务决策过程中，需精准预算企业内部资金，特别是在制定投资方案时，要对自由现金流量进行准确预算，以最大化价值。因此，财务决策支持平台应具备财务指标分析、财务预测预算和财务决策支持3项基本功能。这样的平台能够有效辅助管理者制定决策，提高决策的科学性和准确性，为企业的发展提供有力支持。

1. 财务指标分析

财务指标分析功能是企业财务决策支持平台的基础功能。企业决策人员通过对相关指标进行财务分析，辅助企业管理人员进行决策方案制定。

（1）财务指标分析的主要优势。

基于大数据技术的财务指标分析功能对于传统的企业财务分析而言，所具备的主要优势如下。

①实现数据的实时分析。传统企业财务分析所使用的数据往往是经过会计核算后的数据，其更新速度有限，导致分析结果具有一定的滞后性。而大数据技术的应用可以使企业财务分析所依赖的数据源头是数据仓库中的数据，可以实现对数据的实时更新，从而实现了实时数据的财务分析，为企业管理人员提供了更及时的数据支持，有助于制定更加精准有效的财务决策方案。

②提高企业财务分析结果的精确度。大数据获取技术的应用使得企业能够更全面地获取所需数据，并通过大数据处理技术对数据进行更深入、更细致的处理，保证了数据的完整性和准确性，进而使得财务分析结果更加精准。这种精确度的提高有助于企业更好地了解自身的财务状况，准确把握市场变化，为决策提供可靠的数据依据。

③实现不同企业间实时财务指标对比。大数据技术的应用使得企业的财务信息

系统拓展了数据源,可以接入税务、审计、互联网等外部系统的数据,从而提供不同企业间实时财务指标的对比功能。这种实时对比功能有助于企业了解自身在行业内的地位和竞争优势,及时调整战略方向,提高企业的竞争力和持续发展能力。

(2)财务指标分析的类型。

财务指标分析一般可以分为以下两类。

①报表结构分析。报表结构分析主要基于企业的资产负债表、利润表和现金流量表等财务报表数据,以研究企业的资产结构、负债情况和股东权益结构为主要目的。通过分析企业的报表结构,可以初步了解企业当前的财务状况和经营状况,为进一步的财务决策提供参考依据。

②财务能力分析。财务能力分析主要从企业的盈利能力、偿债能力、营运能力、成长能力、现金流量和资本结构 6 个方面进行。盈利能力反映了企业在一定时期内取得的经营成果,偿债能力和资本结构显示了企业未来偿债能力的情况,营运能力和成长能力反映了企业的可持续发展能力,而现金流量则展示了企业自由现金流的运转状况。对这些方面的分析有助于全面了解企业的财务状况和经营能力,为企业管理者制定有效的财务战略和决策提供重要参考。

2. 财务预测预算

财务预测预算是企业管理人员制定科学决策方案的重要前提。财务预测是依据企业历史数据,对未来一段时间内的财务指标进行变化情况的预测。例如,对企业盈利能力的预测可以结合财务报表中的相关指标进行分析,预测企业未来的经营状况。而财务预算则是在财务数据和非财务数据的基础上,对企业在生产成本、销售费用、投资成本等方面进行预算估计。其主要目的在于测算企业未来的资金、成本和盈利水平,以便企业管理人员制定财务决策。综合考虑财务预测和预算,可以帮助企业管理人员更好地把握企业的财务状况和未来发展趋势,从而制定出更科学、更有效的管理策略和决策方案,为企业的稳健发展提供有力支持。

引入大数据技术后,企业的财务预测和预算系统能够实现实时的动态更改。系统不再固定于一次预测或预算输出,而是在检测到新数据时自动更新相关指标的预测和预算,确保输出结果的实时性和准确性。基于大数据技术的财务决策支持平台的财务预测预算功能流程如图 7.1 所示[①]。

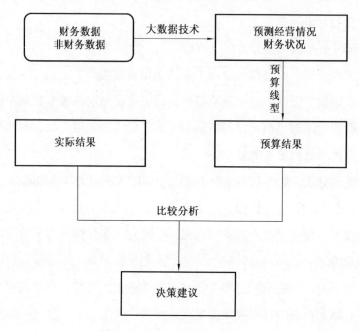

图 7.1 财务预测预算功能流程

基于大数据技术对企业经营情况和财务状况进行预测,要注意以下 3 点。

①财务管理人员应对企业产生的时间序列数据进行平稳性检验,并对异常值和缺失值进行标准化处理,以确保数据的完整性和准确性。

②需要调取模型数据仓库中的时间序列分析模型和趋势分析模型,结合处理后的数据,对企业的财务状况和经营状况进行科学预测。通过这些模型的应用,可以更准确地把握企业的未来发展趋势,为企业的决策提供有力支持。

③结合资本结构、现金流量等指标,预估企业未来的资金需求量。借助时间序

---

①本节图片均引自:李童. 大数据技术在企业财务决策中的应用研究[D]. 北京:北京邮电大学,2021.

列分析模型和趋势分析模型,对企业在未来一段时间内的经营状况和财务状况进行科学评估。这样的综合分析有助于企业管理人员制定更加合理的财务预算和决策方案,为企业的稳健发展提供有效保障。

(1)偿债能力预测。

通过时间序列分析方法,可以针对企业的短期和长期偿债能力进行评估,包括流动比率、速动比率、资产负债率和利息保障倍数等指标。这些指标可以帮助管理人员了解企业当前的债务结构,并预测未来一段时间内的偿债能力,有助于制定有效的资金筹措和资本结构调整策略。

(2)营运能力预测。

通过选取应收账款周转率、存货周转率、流动资产周转率等指标,并结合时间序列分析和趋势分析法,可以预测企业在未来一段时间内的营运能力。这些指标的变化趋势可以反映企业对资金的使用效率,有助于评估企业的经营活动的健康程度。

(3)盈利能力预测。

通过选取总资产报酬率、净资产报酬率、销售净利率等指标,并运用时间序列分析和趋势分析法,可以预测企业未来的盈利能力。这些指标的变化趋势可以反映企业的盈利水平,有助于评估企业的经营绩效和发展前景。

(4)成长能力预测。

通过选取营业增长率、总资产增长率、自由现金流量等指标,并结合时间序列分析和趋势分析法,可以预测企业的成长能力。这些指标的变化趋势可以反映企业的发展潜力和市场竞争力,有助于评估企业的长期发展前景。

3. 财务决策支持

大数据技术在企业财务决策中的应用主要体现在财务决策支持功能上。在传统的财务决策制定过程中,决策者主要依赖于会计核算数据和个人经验,这种方式存在片面性和主观性。引入大数据技术后,企业可以更多地依赖于数据的处理和分析,以客观的财务分析结果制定更精准的决策方案。同时,决策数据仓库中的历史数据和数据模型,可以为决策者提供参考依据。

从财务决策的分类角度看,财务决策支持功能主要涵盖了经营决策、投资决策、融资决策和利润分配决策 4 个方面。经营决策支持包括对企业经营活动的分析和优化,以提高经营效率和盈利能力;投资决策支持着重于评估各种投资项目的风险和收益,帮助企业选择最合适的投资方向;融资决策支持关注企业资金来源和资本结构的优化,以确保企业资金运作的稳健性和灵活性;利润分配决策支持针对企业盈利情况,帮助企业确定合理的利润分配政策,以满足不同利益相关者的需求。

(1) 经营决策支持。

经营决策是企业管理中至关重要的一环,涉及生产、销售和存货等方面。

①生产决策是企业为了满足市场需求而制订的生产计划和成本控制方案。管理者通过财务指标分析,制订生产计划以及控制生产成本的策略,以提高生产效率和降低成本,从而实现企业利润的最大化。

②销售决策是根据销售额、库存情况、应收账款等指标进行分析,以制定销售策略和推动产品销售。

③存货决策是通过对库存商品数据的统计分析,及时调整存货结构和制定库存管理措施,确保资金周转率的合理性,避免存货积压导致的风险。

(2) 投资决策支持。

投资决策支持方面,企业首先需要明确投资目标,确定投资方向。其次,对内部资金结构进行分析,制定切实可行的投资方案。最后,组织相关决策人员对备选方案进行评价,结合投资风险和企业发展需求,确定最佳投资方案。

(3) 融资决策支持。

在融资决策支持方面,企业需要根据实际需求选择合理的融资金额和方式,降低财务风险。通过分析资产负债率、资金结构等指标,选择适当的融资金额,提高资金周转率。通过银行借款、发行股票和债券等方式融资,降低资金使用成本。

(4) 利润分配决策支持。

利润分配决策支持是在考虑企业盈利情况和长远发展需要的基础上,制定股东利润分配方案。这涉及确定股东间的分配比例和分配方式等方面。

（四）企业财务决策平台的结构框架

企业财务决策平台结构的总体框架，应包括以下内容。

①通过获取企业内部的财务系统数据、外部系统数据以及其他相关网站数据，包括企业内部各部门、供应商、客户、产品以及同行业其他企业的数据，建立起全面的数据来源。

②对收集到的原始数据进行加工处理，包括清洗、转换、整合等操作，并将处理后的数据存储到数据仓库中，确保数据的质量和完整性。

③利用大数据技术分析方法对数据进行深入分析与挖掘，包括数据关联、趋势分析、预测建模等，从中获取财务分析所需的各项指标和关联关系，为后续决策提供支持。

④基于财务分析的结果，制定最优的财务决策方案，涉及投资、融资、利润分配等方面的决策，以达到企业的财务目标。

⑤将制定的决策方案以可视化的形式进行展示，包括图表、报表、仪表盘等，便于管理人员直观了解决策结果，及时调整和优化决策方案。

总的来说，基于大数据技术的企业财务决策支持平台的结构设计框架如图 7.2 所示。

1. 数据收集层

数据收集层是企业财务决策的基础，通过大数据技术的运用，解决了传统数据分散和滞后的难题，为企业管理人员提供了更加稳固的数据基础。其主要包括 3 类原始数据：财务类数据、业务类数据和政策类数据。

（1）财务类数据。

财务类数据包括财务报表数据和财务能力指标数据，反映了企业的财务状况和经营能力。

（2）业务类数据。

业务类数据是日常生产经营活动中产生的非财务数据，如供应商信息、客户信息、订单合同等,对企业的运营管理至关重要。

(3) 政策类数据。

政策类数据主要涵盖了财政、法律、会计政策等宏观环境和政策性数据,对企业的经营决策具有重要影响。

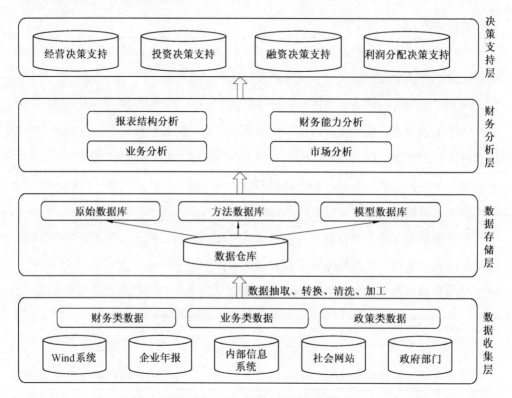

图 7.2 基于大数据技术的企业财务决策支持平台的结构设计框架

2. 数据存储层

数据存储层在企业财务决策支持平台中扮演着至关重要的角色。针对不同类型的数据,采取不同的存储和处理方式,以确保数据的完整性和可用性。

首先,财务类数据通常存储在金融数据库中,可直接从数据库导出相关报表和财务指标数据,再通过连接接口导入财务决策支持平台中。而对于业务类数据和政策类数据,则需借助大数据技术如 Hadoop 进行处理,以有效存储传统数据库难以处理的数据。在数据存储处理过程中，需要构建 3 种类型的数据仓库。

（1）原始数据仓库。

原始数据仓库，包括财务类数据、业务类数据和政策类数据，通过分类汇总构成完整的原始数据仓库，为后续分析和决策提供基础数据支持。

（2）方法数据仓库。

方法数据仓库，包括各种财务分析方法、财务决策方法以及财务指标的计算公式等，还包括企业管理人员的历史财务决策方案数据。这些数据可以为管理人员在制定新的财务决策方案时提供经验和参考。

（3）模型数据仓库。

模型数据仓库，包括财务分析、财务预测和财务决策的各种数据模型，如杜邦财务分析体系、沃尔森财务分析评价体系等。这些模型能够帮助管理人员更准确地进行财务分析和预测，辅助他们制定更科学的财务决策方案。

3. 财务分析层

通过利用模型数据仓库中的各种财务分析模型，可以对原始数据仓库中的数据进行提取和分析，为企业管理人员提供财务决策支持。管理人员可以根据需要从原始数据仓库中选择合适的财务分析指标，并调用方法数据仓库中的财务分析方法，对企业的财务活动进行深入分析。财务分析结果是评价企业经营和财务状况的重要标准，对于企业管理者、股东、投资方和债权人制定相关决策方案至关重要。基于大数据技术的企业财务分析，以原始数据仓库中的数据为基础，运用方法数据仓库和模型数据仓库中的技术方法和模型，对企业过去和现在的经营情况和财务状况进行全面分析和评价，为管理者制定精准有效的财务决策方案提供可靠依据。这种方法能够帮助企业更好地了解自身情况，做出更明智的决策，从而提高企业的经营效率和竞争力。

财务分析层可以分为以下 4 个模块。

（1）报表结构分析模块。

报表结构分析模块可细分为资产分析、负债分析和股东权益分析 3 个子模块。

资产分析包括资产结构、货币资金变动、存货和应收账款等方面；负债分析主要关注负债结构、流动负债和非流动负债的变动；股东权益分析则聚焦于股东权益构成和实收资本。这些子模块有助于企业全面了解财务报表结构，发现潜在问题并制定相应策略。

（2）财务能力分析模块。

财务能力分析模块是财务分析层中的一个重要组成部分，主要用于评估企业在盈利能力、偿债能力、营运能力、成长能力、现金流量和资本结构等方面的表现。这一模块通常可以细分为6个子模块，每个子模块都有其特定的分析指标和目的。

①盈利能力分析模块，关注企业在盈利方面的表现。通过分析总资产报酬率、净资产收益率和销售利润率等指标，可以评估企业资产的利用效率和盈利水平，为企业提供盈利情况的全面了解。

②偿债能力分析模块，用于评估企业的偿债能力。通过分析资产负债率、流动比率和速动比率等指标，可以判断企业的资产负债结构和偿债能力，为企业制定合理的负债管理策略提供支持。

③营运能力分析模块，关注企业的运营效率。通过分析资产周转率、应收账款周转率和存货周转率等指标，可以评估企业资产的周转速度和运营效率，帮助企业优化资产配置和提高运营效率。

④成长能力分析模块，用于评估企业的成长潜力和发展趋势。通过分析资产增长率、股东权益增长率等指标，可以判断企业的成长速度和发展动力，为企业未来发展规划提供参考依据。

⑤现金流量分析模块，关注企业的现金流量状况。通过分析现金的总流入、总流出和经营活动现金流量净额等指标，可以评估企业的现金流量情况，为企业资金管理和流动性风险管理提供支持。

⑥资本结构分析模块，用于评估企业的资本结构和财务稳定性。通过分析自有资本比率、流动资产构成比率和流动负债构成比率等指标，可以评估企业的财务结构和资本充实程度，为企业的财务风险管理提供参考依据。

(3)业务分析模块。

业务分析模块可划分为生产分析、销售分析和存货分析 3 个子模块。生产分析关注原材料、职工薪酬和费用变化情况;销售分析涉及产品销售额和广告宣传费用的变动;存货分析关注存货数量和存货方式的变化。

(4)市场分析模块。

市场分析模块主要包括行业竞争对手分析、行业政策变化分析和市场份额的变化情况分析。这些子模块有助于企业深入了解自身业务和市场环境,为决策提供有效依据。

4. 决策支持层

(1)经营决策支持。

经营决策对企业的发展至关重要,包括生产、销售和存货等方面的决策。

①生产决策需要综合考虑产品的销售情况和当前的库存情况,以确定最佳的生产数量,避免因生产过剩而造成的成本浪费。为此,可以利用趋势分析方法预测未来的生产需求,为制定生产决策方案提供支持。

②销售决策需要根据产品销售额、成本、销售费用等指标进行分析,并通过趋势分析方法展示销售额变化趋势图和成本费用对比图,以帮助管理人员制定最优的销售策略。

③存货决策涉及材料和产成品的管理,需要确定合理的订货量和时机,以降低存货成本。针对这一问题,企业管理人员可以利用历史数据和用户调研数据,结合决策树方法,确定需求量的变化范围和概率,并提供最佳方案的参考数据,从而制定有效的存货决策方案。这些决策支持方法和技术能够帮助企业管理人员更准确地预测市场需求、优化生产和销售策略,从而提高企业的竞争力和盈利能力。

(2)投资决策支持。

大数据技术在企业投资决策分析中的应用主要有以下 4 步。

①企业需要结合短期目标和长远规划,明确当前发展中最需要投资的目标对象。这一步是投资决策的起点,需要全面考虑企业的发展需求和战略方向。

②企业会结合数据仓库中的宏观经济环境数据、行业变化趋势数据以及竞争对手的市场信息等,通过模型数据库中的分析模型对投资项目的风险和成本进行深入分析。这有助于降低投资风险和成本,提高投资效率。

③基于时间价值因素,利用数据仓库中的财务指标对投资项目的预期收益进行评估。这包括净现值、现值指数等指标的运用,以全面评估投资项目的吸引力。

④企业会根据方法数据库中的历史数据对不同投资方案进行评价,选择最优的投资决策方案。这一步需要综合考虑投资项目的类型、资产组合以及投资环境的变化趋势等因素。

(3)融资决策支持。

融资决策在企业发展中具有重要意义,涉及融资时间、渠道选择、金额考量、成本计算和风险预估等方面。首先,需要对财务指标进行分析,包括资产结构、资金使用情况和债务结构等,然后考虑融资成本、资金获取时间和融资方式选择等因素,分析不同融资方案的风险,最终选择最优方案。在实践中,企业财务人员需要分析资产和负债情况,建立资产结构和债务结构模型,为选择融资方式提供依据。大数据技术的应用改变了传统的融资模式,不仅仅依赖银行借款,还利用大数据优势汇总资本市场和行业政策等外部信息,拓宽融资渠道,如企业重组兼并、发行公司债券等,降低融资成本,提升经济效益。这种综合利用大数据的方式能够为企业提供更灵活、更优化的融资方案,有助于企业更好地发展。

(4)利润分配决策支持。

将大数据技术应用到企业的利润分配决策过程中,应从以下3个方面进行考量。

①企业应在满足日常生产经营活动和良好财务状况的基础上,重点考虑经营活动所产生的现金流量、资产结构和资产流动性对利润分配的影响。这意味着需要综合考虑企业的资产配置和流动性状况,确保分配利润不会对企业的经营活动造成不利影响。

②基于股东的实际控制权进行考量。在企业日常发展稳定的情况下,应实际考量股东的实际收入和对企业的控制权。这意味着利润分配方案应考虑股东的利益诉

求和对企业发展的影响，确保分配方案符合股东的实际权益。

③考虑对债权人利益的保护。在进行利润分配之前，企业应优先利用盈利资金偿还债务，保护债权人的合法权益。这意味着在确定利润分配方案时，需要综合考虑企业的负债情况、经营发展状况、股东权益以及相关法律法规的要求，确立最佳的利润分配方案。这样可以保障企业的稳健发展，维护各方利益的平衡。

第二节 大数据技术在高校教育管理中的应用

一、高校教育管理大数据的划分与特征

"大数据技术在我国信息化社会已经得到了广泛的普及和使用，使用大数据科技能够对教育管理者的思维方式和教育手段起到重塑的效果，对高校发展方式进行一定的转变，教育管理工作会变得更加具有针对性。"[①] 在实际应用中，相关关系与因果关系共同构成了高校教育管理的两大支柱。

相关关系在大数据教育管理中扮演着至关重要的角色。它不仅提供了一种快速而清晰的分析手段，而且为深入探索因果关系提供了重要的指导和帮助。这种分析方式有助于教育管理者迅速识别出数据之间的联系，从而更有效地进行决策和规划。然而，这并不意味着相关关系可以取代因果关系。相反，它为因果关系的发现提供了一条可行的路径。与此同时，高校大数据教育管理在运用大数据时，与商业领域的应用存在本质的区别。在商业领域，相关关系的发现和应用往往更为重要，因为它们能够迅速带来经济效益。而在高校教育管理中，虽然相关关系的分析同样重要，但其最终目的在于寻找那些特殊的、具有因果性质的相关关系。这些因果关系对于理解教育现象、优化教育过程、提升教育质量具有不可替代的作用。

（一）高校教育管理大数据的类别划分

大数据技术是高校教育管理由传统的科学管理向文化管理进化的重要力量，随

---

①董珏. 大数据时代下高校教育管理工作优化措施研究[J]. 才智，2023（20）：139-142.

着高校大数据平台建设，教育信息技术在校园的广泛运用，高校教育管理大数据呈现出多样化、复杂化、动态化的趋势。从不同的角度划分，高校教育管理大数据具有不同类型。

1. 依据性质进行划分

依据性质进行划分，我国高校教育管理大数据可分为结构化数据、非结构化数据和半结构化数据。

（1）结构化数据。

结构化数据指的是工整的数据，通常以二维表的结构进行逻辑表达，属于关系型数据。这类数据具有明确的格式和组织结构，便于存储和管理。

（2）非结构化数据。

非结构化数据包括各种格式的文档、图片、视频等，不适合用二维表进行存储，其数据形式多样，难以统一结构化，需要借助其他方式进行处理和管理。

（3）半结构化数据。

半结构化数据介于结构化数据和非结构化数据之间，如 HTML 文档等。这类数据具有一定的结构特征，但结构和内容混合在一起，难以直接用二维表表示，通常通过树形或图形结构进行表达。

2. 依据来源进行划分

依据来源进行划分，我国高校教育管理大数据可分为以下两类。

（1）内部数据。

内部数据是主要来自教育系统内部各部门的数据，涵盖了教学、科研、人事、学工、党团、后勤、图书等方面。这些数据是高校教育管理大数据的主要来源之一，可根据产生部门划分为教学类、管理类、科研类和服务类数据，涵盖了高校各方面的运行和管理。

（2）外部数据。

外部数据主要来自互联网和社交媒体等外部数据源，特别是随着社交媒体和网络技术的发展，大学生网络化程度不断加深，相关数据不断增加。这些外部数据包括了学生在社交平台上的活动、观点、情感等信息，对于高校教育管理也具有一定的参考价值。

3. 依据采集业务进行划分

按照采集业务的不同划分，我国高校教育管理大数据可以分为学生教育管理类大数据、教师教育管理类大数据、综合教育管理类大数据和第三方应用类大数据。

（1）学生教育管理类大数据。

学生教育管理类大数据主要来源于学生的学习、生活和社交数据活动，包括学生的基本信息、考勤记录、作业情况、成绩、评奖评优情况、参加各类活动表现以及学生在网络上的轨迹和表现等。

（2）教师教育管理类大数据。

教师教育管理类大数据主要包括教师的基本信息、备课教案、课堂教学情况、作业批改记录、答疑解惑情况、科研数据、评奖评优情况、进修培训记录、参加各类活动数据以及社交和网络活动数据等。

（3）综合教育管理类大数据。

综合教育管理类大数据包括学校的基本信息数据、各项评比数据、各种奖励等。

（4）第三方应用类大数据。

第三方应用类大数据涵盖了金融缴费、教学资源、生活服务、云课堂、微课以及 MOOCs 资源等。

4. 依据数据结构进行划分

高校教育管理大数据的结构可分为基础层、状态层、资源层和行为层。

（1）基础层大数据。

基础层大数据主要包括人事系统、学籍系统、资产系统等数据，主要用于高校管理者宏观掌握高校发展状态和科学决策，通常是结构性数据。

（2）状态层大数据。

状态层大数据主要通过传感器获取，在智慧校园中起着重要作用，用于管理者了解教学业务的运行状况，优化教育环境。

（3）资源层大数据。

资源层大数据主要是非结构化数据，包括网络教学资源（如 MOOCs、微课、App、电子书等）和上课过程中生成的笔记、试题等动态资源。

（4）行为层大数据。

行为层大数据包括教师和学生的行为数据，其中教师行为数据占主体，主要用于个性化学习、学习路径推送、行为预测和发展性评价。

（二）高校大数据教育管理的主要特征

1. 及时性

在"智慧校园"建设中，大数据技术成为高校教育管理的重要支撑，为教育管理者提供了即时、当下的数据支持，并具有预警功能，这为他们及时介入关键时期的工作提供了技术支持。

在网络覆盖广泛的校园里，师生的各种活动都会产生大量的数据和信息，形成了空前的数据海洋。尽管其中的信息未必完全反映了问题的本质，但异常信息和规律性信息总会在海量数据中浮现。

针对异常信息，可以通过设定相应的数据技术参数，设置容忍度和临界点，一旦超过设定的界限，就会触发报警系统，起到防患于未然的作用。无论是学生的交际问题、学业问题、就业问题还是其他方面的问题，在网络时代都可能通过各种媒介得到传播，而利用大数据技术，高校可以及时发现问题、超前预警，并采取相应的措施，避免或减少潜在的危机事件所带来的损害。

2. 科学性

大数据在高校教育管理中的科学性体现在对师生复杂数据的全面考量和规律洞察上。通过大数据技术，高校能够克服传统小数据的局限，揭示出隐藏在数据背后的行为规律,从而提升教育管理的科学性。

在教育决策方面,利用大数据技术进行数据关联分析,能够增强高校教育管理的科学性。例如,通过对教师科研成果与个人作息、兴趣爱好、教学成效等多维度数据进行关联分析,建立数据模型,揭示出其中的规律,为科学决策提供依据。这种分析不仅可以指导学校科研政策的制定,还能优化教学管理制度和评价制度。同时,对学生学习与需求、舆情监控等方面的大数据分析也具有重要意义。通过分析学生的学习成绩、能力素质、上网习惯、图书借阅情况、饮食偏好等数据,可以发现它们之间的关联和规律,进而为教育管理提供科学依据。这种数据分析能够使教育管理更加精准高效,取得事半功倍的效果。

3. 互动性

在大数据技术的支撑下,高校教育管理的互动性得到了显著的提升。这种互动性不仅打破了传统教育管理中的单向传递模式,而且实现了师生之间、学生与学生之间的多向交流,极大地促进了教育的个性化和精准化。

(1)基于大数据的教学平台为师生提供了一个即时互动的空间。

在这个平台上,教师可以实时监控学生的学习进度,对学生的疑问进行及时解答,对学生的学习情况进行个性化指导。学生也可以通过平台提出自己的问题,分享自己的见解,与其他学生进行讨论和交流。这种即时的、双向的互动,不仅提高了教学的效率,也增强了学生的学习兴趣和参与度。

(2)大数据技术的应用使得教师能够更加精准地把握学生的学习状态和心理需求。

通过对学生的学习行为数据进行分析,教师可以发现学生的学习难点和兴趣点,从而进行有针对性的教学设计和辅导。同时,教师也可以通过数据分析,了解学生的情感状态和心理需求,及时给予关心和支持,帮助学生解决学习和生活中的问题。

此外,大数据技术的应用还为思想政治教育工作提供了新的途径。通过鼓励学生积极参与教育命题的讨论,可以激发学生的主人翁精神,培养学生的社会责任感和集体荣誉感。同时,通过在学校社交平台或学习平台上开展朋辈教育,可以充分发挥学生之间的互助和影响作用，促进学生的自我教育和自我发展。在这种基于大数据的互动教育管理模式下，高校教育管理的科学性、及时性、差异性和权变性得到了充分的体现。教育管理者可以根据数据分析结果，及时调整教育策略和管理措施，实现教育管理的动态优化和持续改进。同时，教育的个性化和精准化也得到了更好的实现，每个学生都能得到更加适合自己的教育和指导。

4. 差异性

高校大数据教育管理的差异性体现在其个性化管理方面。尽管高校教育管理的及时性、科学性强调的是宏观层面，但个性化管理则着眼于微观层面。在教育理念中，因材施教、个性化管理和多样化人才培养一直是受到重视的。由于高校学生的个性特点、兴趣爱好、能力差异和家庭背景各不相同，因此，尊重学生的差异性是高校教育管理者做好教育教学管理和服务工作的基本前提。

利用大数据教育教学资源，可以为学生量身定制适合其个性特征的培养方案和课程清单，让学生在突破时空限制的同时，享受到高质量的教育教学资源。在大数据时代，个性化学习不仅能够对个体进行精准化的关注，同时还能预测学生群体活动的轨迹和规律，为高校教师提供有效的教学反馈，帮助他们改进教学方法。因此，大数据技术在高校教育管理中扮演着精准教育和个性化帮扶的重要角色。

5. 权变性

权变管理的核心理念是"以变应变"。管理并没有一成不变的规律，它需要根据外部环境和内部情况的变化灵活调整策略。在学生教育管理领域，没有适用于所有情况的固定策略，也不存在适用于所有学生的通用公式。学生的学习数据、教师的教学数据、管理人员的行为数据以及监控系统的安全数据都是动态的、实时的，它们形成了一股源源不断的信息流，一切都在不断地向前发展，因此"变化"是高校教育管理永恒的主题。这就要求高校管理者能够及时了解管理对象和内外部环境的变化情况，研究各种变化的趋势和规律，并考虑各种变化可能产生的相互影响及后果，以便提前采取科学、适宜的有效方式来应对。

大数据技术为高校教育管理者及时获取各种信息提供了技术支持,大数据的海量、快速、动态和便捷性有助于实现高校教育管理的权变性。通过大数据技术,管理者能够更加快速地获取各种信息,包括学生学习情况、教师教学效果、校园安全状况等,从而及时调整管理策略和应对办法。大数据技术的应用使得管理者能够更加精准地把握形势,灵活应对各种挑战,实现教育管理的动态调整和优化。

6. 整合性

高校大数据的整合性体现在对高校内部和外部资源的整合上。只有将资源整合起来,才能充分发挥其利用价值。利用大数据技术,高校可以有效地实现资源的整合。资源整合的初级层次是学校内部各部门、各单位之间的数据资源整合。通过建立大数据平台,可以打破部门数据的孤立,实现数据共享,促进数据的开放和流通。而高校之间以及区域之间建立大数据平台则是资源整合的高级层次,对于推动整个地区乃至国家的教育发展和资源节约具有重要的意义。

二、大数据技术在高校教育管理中的对策

(一)加强数据安全与隐私保护

在当今大数据技术的应用中,高校教育管理面临着数据安全与隐私保护的重要挑战。学生成绩、家庭背景、健康状况等个人信息的泄露或滥用可能导致严重的隐私侵犯。为了有效应对这一挑战,高校需要建立完善的数据安全管理制度,加强对数据的访问权限控制,采用先进的数据加密技术,定期进行数据备份和恢复测试,以确保数据的安全性、完整性和可用性。

(1)高校应建立健全数据安全管理制度。

这包括明确的数据管理流程和责任分工,确保数据处理的合法性和规范性。制定详细的数据访问权限控制策略,限制敏感信息的访问权限,确保只有经过授权的人员才能够访问相关数据。同时,建立数据审计机制,对数据访问和操作进行记录和监控,及时发现和阻止可能的安全漏洞和异常行为。

(2)高校需要采用先进的数据加密技术,对存储在数据库中的敏感信息进行加

密处理。

通过数据加密,即使数据被非法获取,也能够保障信息的机密性,有效防止数据泄露和滥用。同时,加强对数据传输过程中的加密保护,确保数据在传输过程中不会被窃取或篡改,进一步保障数据的安全性和完整性。

(3)高校应定期对数据进行备份,并进行恢复测试,确保在意外情况下能够及时恢复数据。

备份数据应存储在安全可靠的地方,避免因数据丢失或损坏而导致重要信息的丢失。定期进行恢复测试,验证备份数据的完整性和可用性,及时发现并解决潜在的问题,保障数据的可用性和可靠性。

(二)提升数据质量与处理效率

数据质量直接关系到高校教育管理的决策质量。在大数据环境下,高校教育管理的数据来源多样,数据类型复杂,数据量庞大,这使得数据质量管理面临诸多挑战。数据的不准确、不完整、不一致或过时,都可能导致高校管理层做出错误的判断和决策,从而影响教育质量和学校发展。

1. 提升数据质量的步骤

为了提升数据质量,高校首先需要建立一套严格的数据采集、清洗、整合和挖掘流程。这一流程应包括以下关键步骤。

(1)数据采集。

确保数据来源的合法性、多样性和代表性,采用标准化的数据采集工具和方法。

(2)数据清洗。

通过自动化和人工审核相结合的方式,去除无效、错误和冗余的数据。

(3)数据整合。

将不同来源和格式的数据进行整合,形成统一的数据视图。

(4)数据挖掘。

运用数据挖掘技术,从大量数据中提取有价值的信息和知识。

2. 提升数据处理速度的技术

数据处理技术的选择对于提高处理效率至关重要。高校应采用以下技术来提升数据处理的速度和精度。

（1）分布式计算。

利用分布式计算框架如 Hadoop 或 Spark，处理大规模数据集。

（2）云计算服务。

利用云服务提供的强大计算能力和存储资源，实现数据的快速处理和分析。

（3）数据仓库。

构建数据仓库，实现数据的集中管理和快速访问。

（4）机器学习算法。

利用机器学习算法，提高数据处理的智能化水平。

3. 加强数据质量监控与评估

高校应加强对数据质量的监控和评估，确保数据的可靠性和有效性。具体包括以下几方面内容。

（1）定期审计。

定期对数据质量进行审计，检查数据的准确性和完整性。

（2）实时监控。

建立实时监控系统，及时发现数据异常和质量问题。

（3）反馈机制。

建立数据质量反馈机制，鼓励师生向管理人员提供反馈，不断改进数据质量。

（4）质量评估标准。

制定数据质量评估标准，为数据质量的持续改进提供依据。

（三）加强技术更新与人才培养

随着大数据技术的快速发展，高校教育管理面临着更多的挑战和机遇。为了应对这些挑战，高校需要采取一系列措施，以加强技术更新与人才培养，从而适应大数据时代的需求。

（1）高校应当加强对大数据技术的研发和应用，及时跟进技术发展的最新动态。在大数据技术应用方面，高校应当不断进行技术更新，引进最新的技术手段和工具，以提高教育管理的效率和水平。例如，可以引入人工智能、机器学习等前沿技术，用于学生管理、教学评估、课程设计等方面，从而实现教育管理的智能化、精细化。

（2）为了充分发挥大数据技术在高校教育管理中的作用，高校应当推动大数据技术与教育管理的深度融合。这包括将大数据技术与教育管理业务深度结合，探索教育管理的新模式和新路径。通过大数据技术，高校可以实现对学生学习情况、教师教学效果等方面的全面监控和分析，为教育管理决策提供科学依据和数据支持。

（3）高校应加强人才培养工作，培养一批具备大数据技术应用能力的专业人才。这些人才不仅需要具备扎实的专业知识和技术能力，还需要具备跨学科的综合素养，能够将大数据技术与教育管理实践相结合。因此，高校应当调整教育培养计划，加强对大数据技术的教学和培训，培养出更多的专业人才，为高校教育管理提供有力的人才保障。

（4）高校应加强与相关企业和研究机构的合作与交流，共同推动大数据技术在高校教育管理领域的应用和发展。通过与行业企业和科研机构的合作，高校可以获取更多的资源和支持，加快技术应用的进程，实现教育管理的现代化和智能化。

第三节　大数据技术在医学生物领域中的应用

"飞速发展的信息技术正逐步渗透到社会生活的各个方面，给现代科学研究及社会进步带来了很多发展和机遇，同时其与生命科学也有了越来越多的交叉，可以说现代医学已经进入了大数据时代。"[1]在流行病预测方面，大数据彻底颠覆了传统的流行疾病预测方式，使人类在公共卫生管理领域迈上了一个全新的台阶。在智慧

---

[1] 刘洋，邬杨，刘俊辰，等. 大数据在医疗领域的应用和展望[J]. 现代肿瘤医学，2017，25（10）：1678-1681.

医疗方面,通过打造健康档案区域医疗信息平台,利用最先进的物联网技术和大数据技术,可以实现患者、医护人员、医疗服务提供商、保险公司等之间的无缝、协同、智能的互联,让患者体验一站式的医疗、护理和保险服务。在生物信息学方面,大数据使得人们可以利用先进的数据科学知识,更加深入地了解生物学过程、作物表型、疾病致病基因等。

一、基于大数据的智慧医疗

"新医改背景下,通过信息化手段全面建设并应用数字卫生系统,推动医疗卫生体制改革,解决医疗卫生服务需求与供给关系的平衡成为新的期望,因此,设计基于大数据技术的智慧医疗平台就显得十分必要。"[1] IBM开发的沃森医疗保健内容分析预测技术,使企业能够挖掘大量与患者相关的临床医疗信息,并通过大数据分析,更有效地处理和分析这些信息。在加拿大多伦多的一家医院,数据分析技术被用来预防早产儿死亡。医院使用先进的医疗传感器实时监测早产婴儿的心跳等生命体征,每秒进行超过3 000次的数据读取。系统实时分析这些数据,并生成预警报告,使医院能够及时识别哪些早产儿可能会出现问题,并采取相应的预防措施。在中国,厦门、苏州等城市已经建立了先进的智慧医疗在线系统,这些系统提供在线预约、健康档案管理、社区服务、家庭医疗和支付清算等功能,极大地方便了市民就医,提高了医疗服务的质量和患者的满意度。智慧医疗的核心理念是"以患者为中心",为患者提供全面、专业和个性化的医疗服务体验。

智慧医疗通过整合各种医疗信息资源,建立了药品目录、居民健康档案、影像、检验、医疗人员和医疗设备等基础数据库。这些数据库使得医生可以随时随地查阅患者的病历、病史、治疗措施和保险细节,快速制定诊疗方案。同时,患者可以自主选择更换医生或医院,其转诊信息和病历可以通过医疗网络在任何一家医院调阅。

(一)促进优质医疗资源的共享

我国医疗体系面临的一个显著问题是:优质的医疗资源主要集中在大城市和大

---

[1]杨燕艳,朱春燕. 基于大数据技术的智慧医疗平台设计[J]. 信息记录材料,2022,23(6):173-176.

型医院，而小型医院、社区医院以及乡镇医院的医疗资源相对薄弱。这种情况导致患者倾向于集中到大城市和大医院就医，结果造成这些医院过度拥挤，患者体验质量下降，同时，社区和乡镇医院由于缺乏病患，其发展也受到了限制。要有效解决医疗资源分布不均衡的问题，不能简单地在小城镇建设大型医院，这可能会增加医疗成本。

智慧医疗为解决这一问题提供了正确的方向：一方面，社区医院和乡镇医院可以与市区的中心医院实现无缝连接，实时获取专业医疗建议、安排转诊或接受专业培训；另一方面，远程医疗器械的应用使得远程医疗监护成为可能，避免了患者长途跋涉前往医院的不便。例如，无线云安全自动血压计、无线云体重计、无线血糖仪、红外线温度计等传感器设备，能够实时监测并记录患者的血压、心率、体重、血糖和体温等关键生命体征数据，并将这些数据即时传输给相关医疗机构，从而确保患者能够得到及时有效的远程医疗服务。

（二）避免患者重复检查

过去，患者在不同医院就医时常需重新获取信息卡和病历，并重复接受已完成的检查，这不仅消耗了患者大量时间和精力，影响了其情绪，也造成了医疗资源的浪费。智慧医疗系统实现了医疗信息的跨机构共享，只需输入患者身份证号码，即可获取其全部信息，包括病史、检查结果、治疗记录等，转诊时无须进行重复检查。

（三）促进医疗智能化

智慧医疗系统的发展促进了医疗智能化。系统能实时监测患者的生命体征和治疗情况。同时，系统还能自动提醒医生和患者进行复查，以及提醒护士进行发药、巡查等工作。利用历史医疗数据，系统构建了疾病诊断模型，能够根据患者症状自动诊断可能患疾病，为医生的诊断提供辅助依据。未来，智慧医疗系统将使患者服药更加智能化，不再采用固定的服药方式，而是根据药物代谢情况提醒患者，实现更个性化的用药管理。此外，可穿戴设备的应用使医生能够实时监测患者的健康状况，及时采取有效的医疗措施。

二、基于大数据的生物信息学

生物信息学是一门新兴学科,专注于生物信息的采集、处理、存储、传播、分析和解释等方面。它是随着生命科学和计算机科学的快速发展而产生的,通过结合生物学、计算机科学和信息技术,揭示大量且复杂的生物数据背后的生物学秘密。

与互联网数据相比,生物信息学领域的数据具有更加典型的大数据特征。首先,生物信息学涉及的细胞、组织等生物结构都是活跃的,它们的功能、表达水平甚至分子结构在时间维度上是连续变化的,同时,许多背景噪声也可能导致数据的不精确性。其次,生物信息学数据具有多维度特性,在不同维度的组合上,其复杂性通常超过互联网数据,经常面临所谓的"维度组合爆炸"问题,例如,所有已知物种蛋白质分子的空间结构预测,这仍是分子生物学中一个极具挑战性的课题。

生物数据主要包括基因组学数据,全球范围内启动了众多基因组计划,越来越多的生物体的全基因组测序工作已经完成或正在进行。随着人类基因组测序成本的降低,预计将产生更多的基因组大数据。除此之外,蛋白组学、代谢组学、转录组学、免疫组学等也是生物大数据的重要组成部分。每年,全球生物数据的增量达到 EB 级别,生命科学领域已经全面进入大数据时代,正经历着从实验驱动向数据驱动的转型。

生物大数据的应用使人们能够利用先进的数据科学技术,更深入地理解生物学过程、作物表型、致病基因等。未来,每个人都有可能拥有一份包含日常健康数据(如生理指标、饮食、作息、运动习惯等)、基因序列和医学影像(如 CT、B 超检查结果)的个人健康档案。通过大数据分析技术,可以有效预测个人健康趋势,并提供疾病预防建议,实现"治未病"的目标。这将对医学和健康产业产生深远影响,推动生物学研究进入一个全新的阶段。

参 考 文 献

[1] 张鑫，王明辉. 中国人工智能发展态势及其促进策略[J]. 改革，2019（9）：31-44.

[2] 赵思博. 浅谈计算机技术对社会发展的影响[J]. 通讯世界，2018，25（12）：67.

[3] 李家宁，熊睿彬，兰艳艳，等. 因果机器学习的前沿进展综述[J]. 计算机研究与发展，2023，60（1）：59-84.

[4] 王良玉，张明林，祝洪涛，等. 人工神经网络及其在地学中的应用综述[J]. 世界核地质科学，2021，38（1）：15-26.

[5] 温丽梅，梁国豪，韦统边，等. 数据可视化研究[J]. 信息技术与信息化，2022（5）：164-167.

[6] 王东岳，刘浩，杨英奎. 防火墙在网络安全中的研究与应用[J]. 林业科技情报，2023，55（1）：198-200.

[7] 李童. 大数据技术在企业财务决策中的应用研究[D]. 北京：北京邮电大学，2021.

[8] 刘洋，邬杨，刘俊辰，等. 大数据在医疗领域的应用和展望[J]. 现代肿瘤医学，2017，25（10）：1678-1681.

[9] 魏丹丹. 人工智能技术在图书出版中的应用研究[J]. 采写编，2024（2）：115-117.

[10] 杨燕艳，朱春燕. 基于大数据技术的智慧医疗平台设计[J]. 信息记录材料，2022，23（6）：173-176.

[11] 董珏. 大数据时代下高校教育管理工作优化措施研究[J]. 才智，2023（20）：

139-142.

[12] 李牧南, 王雯殊. 基于文本挖掘的人工智能科学主题演进研究[J]. 情报杂志, 2020, 39 (6): 82-88.

[13] 王飞跃, 缪青海. 人工智能驱动的科学研究新范式: 从 AI4S 到智能科学[J]. 中国科学院院刊, 2023, 38 (4): 536-540.

[14] 季秋, 王万森, 马建红. 人工智能科学中的概率逻辑[J]. 计算机应用与软件, 2006 (1): 20-22.

[15] 政光景, 吕鹏. 生成式人工智能与哲学社会科学新范式的涌现[J]. 江海学刊, 2023 (4): 132-142, 256.

[16] 朝乐门. 人工智能治理框架及其人文社会科学研究问题分析[J]. 情报资料工作, 2022, 43 (5): 6-15.

[17] 潘沁. 从复杂性系统理论视角看人工智能科学的发展[J]. 湖北社会科学, 2010 (1): 116-118.

[18] 潘金贵, 熊用坪. 人工智能介入科学证据审查判断的可行性与作用路径[J]. 学术交流, 2022 (3): 34-45, 191.

[19] 杨欣. 魔法与科学: 人工智能的教育迷思及其祛魅[J]. 教育学报, 2021, 17 (2): 18-31.

[20] 王锋. 人工智能与公共行政的科学化[J]. 人文杂志, 2021 (1): 27-33.

[21] 黄时进. 技术驱动与深度交互: 人工智能对科学传播的跨世纪构建[J]. 科普研究, 2020, 15 (3): 16-19, 109.

[22] 陈启斐, 田真真. 大数据与产业赋能——基于国家级大数据试验区的分析[J]. 南开经济研究, 2023 (7): 90-107.

[23] 于洪, 何德牛, 王国胤, 等. 大数据智能决策[J]. 自动化学报, 2020, 46 (5): 878-896.

[24] 李腊生, 刘磊, 刘文文. 大数据与数据工程学[J]. 统计研究, 2015 (9): 3-10.

[25] 李泊溪. 大数据与生产力[J]. 经济研究参考, 2014 (10): 14-20.

[26] 陶锋. 大数据与美学新思维[J]. 华中科技大学学报（社会科学版），2021，35（1）：51-57.

[27] 伍小乐. 论大数据主权的生成逻辑[J]. 湘潭大学学报（哲学社会科学版），2022，46（5）：15-22.

[28] 胡宝伟，申小蓉. 以大数据提升国企思政工作质量[J]. 人民论坛，2023（1）：60-62.

[29] 常猛. 大数据处理在饲料企业中的应用[J]. 中国饲料，2023（20）：121-124.

[30] 吴娜达，叶雅珍，朱扬勇. 大数据时代的数据出版[J]. 编辑之友，2020（11）：31-38.

[31] 阮丽铮. 大数据时代法治文化传播探析[J]. 新闻爱好者，2023（5）：88-90.

[32] 徐迪威. 大数据与科技管理[J]. 科技管理研究，2013（24）：216-218，232.

[33] 张素芳，翟俊海，王聪，等. 大数据与大数据机器学习[J]. 河北大学学报（自然科学版），2018，38（3）：299-308，336.

[34] 邓文钱. 大数据为社会风险防控赋能[J]. 人民论坛，2022（2）：75-77.

[35] 许宪春，任雪，常子豪. 大数据与绿色发展[J]. 经济研究参考，2019（10）：97-110.

[36] 任磊，杜一，马帅，等. 大数据可视分析综述[J]. 软件学报，2014（9）：1909-1936.

[37] 赵五一. 大数据赋能高校德育的机制、困难与进路[J]. 中学政治教学参考，2023（20）：40-43.

[38] 盛斌，鲍健运，连志翔. 虚拟现实理论基础与应用开发实践[M]. 上海：上海交通大学出版社，2019.

[39] 布鲁诺·安阿迪. 虚拟现实与增强现实：神话与现实[M]. 侯文军，蒋之阳，译. 北京：机械工业出版社，2020.

[40] 李德毅. 人工智能导论[M]. 北京：中国科学技术出版社，2018.

[41] 李国琛. 数字孪生技术与应用[M]. 长沙：湖南大学出版社，2020.

[42] 鹿晓丹. 从物联网到人工智能[M]. 杭州：浙江大学出版社，2020.

[43] 任友理. 大数据技术与应用[M]. 西安：西北工业大学出版社，2019.

[44] 王庆喜，陈小明，王丁磊. 云计算导论[M]. 北京：中国铁道出版社，2018.

[45] 章瑞. 云计算[M]. 重庆：重庆大学出版社，2020.